高职高专电子信息类"十三五"规划教材

Protel 99 SE 原理图

及 PCB 设计实例教程

李 晓 虹 编著

西安电子科技大学出版社

内 容 简 介

全书分为十二个项目，其中项目一～项目十一全面讲述了 Protel 99 SE 电路设计的各种基本操作方法、技巧与应用，并通过丰富的设计实例，以电路板设计的基本流程为主线，由浅入深、循序渐进地讲解了从电路原理图设计到印制电路板设计的整个流程及综合应用与拓展。为了将 Protel 软件与升级软件 Altium Designer 接轨，本书通过项目十二详细介绍了两类文件的相互转换。

本书可作为高等职业院校应用电子技术、电子信息工程技术、通信技术等专业的教材，也可作为各类电子设计专业培训机构的培训教材，同时还可作为电子设计爱好者的自学辅导用书以及从事电子信息技术相关工作的工程技术人员的参考用书。

图书在版编目(CIP)数据

Protel 99 SE 原理图及 PCB 设计实例教程 / 李晓虹编著. —西安：
西安电子科技大学出版社，2018.1(2020.5 重印)
ISBN 978–7–5606–4752–4

Ⅰ. ① P⋯　　Ⅱ. ① 李⋯　　Ⅲ. ① 印刷电路—计算机辅助设计—应用软件—教材
Ⅳ. TN410.2

中国版本图书馆 CIP 数据核字(2017)第 284906 号

策　　划　秦志峰
责任编辑　秦志峰　王静
出版发行　西安电子科技大学出版社（西安市太白南路 2 号）
电　　话　(029)88242885　88201467　　邮　　编　710071
网　　址　www.xduph.com　　　　电子邮箱　xdupfxb001@163.com
经　　销　新华书店
印刷单位　西安天成印务有限公司
版　　次　2018 年 1 月第 1 版　2020 年 5 月第 2 次印刷
开　　本　787 毫米×1092 毫米　1/16　印张 15
字　　数　353 千字
印　　数　2001～4000 册
定　　价　37.00 元

ISBN 978 – 7 – 5606 – 4752 – 4 / TN

XDUP 5044001−2

* * * 如有印装问题可调换 * * *

前　　言

　　"电路原理图及 PCB 设计"是高职应用电子技术、电子信息工程技术、通信技术等专业必修的一门专业综合能力训练课程，属专业核心课程。

　　本书是高等职业教育课程教学改革的成果。为了满足高等职业教育培养高端技能型专门人才的教学需要，本书的编写注重融入自己的独特风格，将编著者多年教学的经验总结升华，体现"教、学、做、画、写"多元一体的课程教学组织模式，实现理论与实践教学相融合。本书内容依据电子 CAD 绘图员(Protel 平台)职业资格标准，针对 PCB 制作的需要展开，与当今企业的实际产品设计、生产所需绘图、识图技能结合紧密，注重学生专业技能的训练与综合素质的培养。本书以典型电子电路为载体，以原理图、PCB 图设计过程为核心，以实施、完成项目中任务为途径，训练学生的综合职业能力，在教、学、做的过程中完成知识、技能及素质的培养。

　　本书实验内容充实，涵盖电子电路原理图设计、印制电路板图设计的方法和实际操作，可全面提高学生的综合职业能力。除完成课程教学之外，本书留有足够的扩展空间及项目课题供学生课外自我提高，从而将课程教学由课内延伸到了课后，这一切充分体现了教材体系的完整性、先进性、针对性与适用性。

　　通过本书内容的学习与实践，学生能获得电路原理图设计、PCB 设计、制版技术必要的基础理论、基础知识和基本技能，为今后从事工程技术工作和独立承担项目打下初步基础。

　　此外，本书还注重培养学生的以下能力和素质：培养学生根据项目任务制定、实施工作计划的能力；培养学生独立工作的责任心、分析解决问题的能力；培养学生勇于创新、敬业乐业的工作作风；培养学生的质量意识、成本意识等。

　　本书以培养学生从事实际工作的综合职业能力和综合职业技能为目的，本着理论联系实践、绘图与实际测量并用、会画与能写相结合的原则，注重知识的实用性、针对性和综合性，注重专业操作技能的训练与综合职业素质的培养，同时反映 PCB 制作的新技术、新动向，有利于学生的可持续发展。

　　全书分为十二个项目，其中项目一～项目十一全面讲述了 Protel 99 SE 电路设计的各种基本操作方法、技巧与应用，并通过丰富的设计实例，以电路板设计的基本流程为主线，由浅入深、循序渐进地讲解了从电路原理图设计到印制电路板设计的整个流程及综合应用与拓展。Protel 99 SE 软件小巧、应用方便，目前仍有大量的设计者喜欢使用。为了将 Protel

软件与升级软件 Altium Designer(软件较大)接轨，本书通过项目十二详细介绍了两类文件的相互转换。书中所有的实例都具有很强的可操作性，均可完成实际图形的绘制及打印制作，适用面较广。

本书为高职高专院校应用电子技术、电子信息工程技术、通信技术等专业的教学用书，不同的院校和专业选用本书时，可根据具体情况进行教学，以适应不同需要、不同学时的教学要求。本书也可作为电子兴趣小组学生学习电子制作的指导用书，还可作为从事电子信息技术工作的工程技术人员自学、进修的参考书籍。

本书的编写得到了武汉工程职业技术学院、西安电子科技大学出版社的大力支持，在此向他们表示衷心的感谢。

由于编者水平有限，书中的疏漏和不足之处在所难免，真诚地欢迎读者及时进行交流并予以指正。编著者邮箱 292918392@qq.com。

编著者

2017 年 10 月

目　录

项目一　Protel 99 SE 的安装与基本操作

学习目标：

(1) 掌握 Protel 99 SE 的正确安装。

(2) 掌握 Protel 99 SE 的基本操作。

(3) 掌握 Protel 99 SE 文件管理的各种操作。

Protel 99 SE 主要由电路原理图设计、原理图元件设计、印制电路板设计、元件封装设计等部分组成。

1. 电路原理图的设计

一个电路原理图可以由单一图纸组成或由多张关联的图纸组成。Protel 99 SE 将每一个设计当作一个独立的项目。本书主要用 Protel 99 SE 的原理图设计系统来绘制电路原理图。在绘制的过程中，要充分利用 Protel 99 SE 所提供的各种原理图绘制工具、测试工具和各种编辑功能，最终获得正确、美观的电路原理图，为后面的工作做好准备。

2. 产生网络表

网络表含有电路原理图或印制电路板中的元件之间连线关系的信息，是电路原理图设计与印制电路板设计之间的一座桥梁，也是电路板自动布线的基础和灵魂。网络表可以从电路原理图中获得，同时 Protel 99 SE 还提供了从电路板中提取网络表的功能。

3. 印制电路板的设计

印制电路板的设计主要是利用 Protel 99 SE 的 PCB 设计系统来完成印制电路板电路图的绘制。在这个过程中，借助 Protel 99 SE 提供的强大功能进行电路板的版面设计，完成印制电路板的设计工作。

任务一　Protel 99 SE 的安装

安装前，先关闭电脑中的杀毒软件，以防安装文件被误杀。具体的安装步骤如下：

(1) 解压压缩的安装文件包，打开 Protel 99 SE 文件夹，双击 setup.exe，弹出如图 1-1 所示的 Protel 99 SE Setup 对话框，开始安装。

(2) 单击 Next 按钮，进入如图 1-2 所示的对话框。打开文件夹中的 SN.txt，将其中所给的密码输入到图 1-2 中。

(3) 单击 Next 按钮，进入如图 1-3 所示的对话框，选择安装路径。一般选用默认安装路径 C:\Program Files\Design Explorer 99 SE，不建议修改。单击 Next 按钮，选择典型安装模式，如图 1-4 所示。

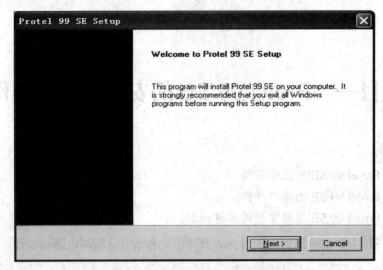

图 1-1 Protel 99 SE Setup 对话框

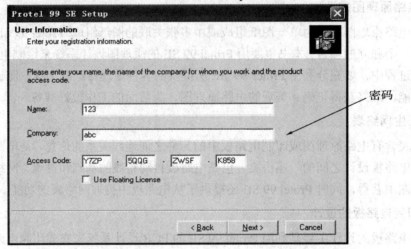

图 1-2 输入密码

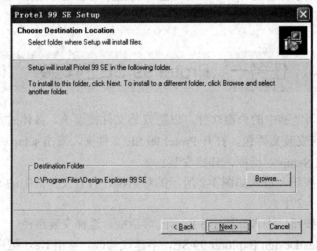

图 1-3 默认安装路径

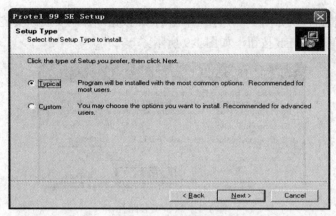

图 1-4 典型安装模式

(4) 单击 Next 按钮，出现图 1-5 所示页面，显示正在安装。稍等，安装完成后，单击 Finish 按钮。

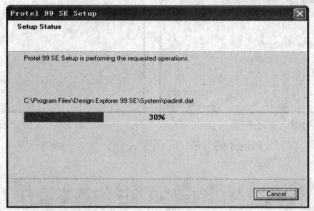

图 1-5 正在安装

(5) 再打开"Protel 99SP6"文件夹，运行"protel 99 seservicepack6.exe"，安装破解文件，进入如图 1-6 所示的对话框，选择同意条款，继续安装。

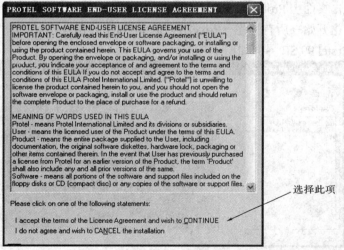

图 1-6 安装破解文件

选用默认安装路径，如图 1-7 所示，单击 Next 按钮，开始安装。安装进度如图 1-8 所示。安装完成后单击 Finish 按钮，如图 1-9 所示。

图 1-7　默认安装路径

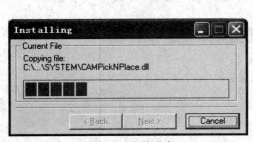

图 1-8　安装进度

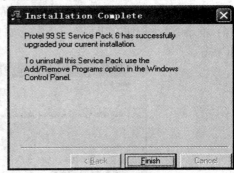

图 1-9　安装完成

(6) 完成安装后，启动 Protel 99 SE，可正常使用。

任务二　Protel 99 SE 的基本操作

一、启动

方法 1：双击桌面上 Protel 99 SE 快捷图标。

方法 2：点击开始→所有程序→Protel 99 SE→Protel 99 SE。

启动后的 Protel 99 SE 界面如图 1-10 所示。

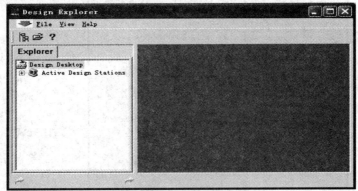

图 1-10　Protel 99 SE 界面

二、新建设计数据库文件

启动 Protel 99 SE 后，在图 1-10 所示界面下，执行菜单命令 File | New...，弹出如图 1-11 所示的 New Design Database 对话框，在该对话框中通常采用默认设计文件类型(MS Access Database)，输入新建设计数据库文件名，单击 Browse...按钮选择保存文件的路径，单击 OK 按钮，进入如图 1-12 所示的设计管理窗口，该窗口显示建立了一个设计数据库文件。

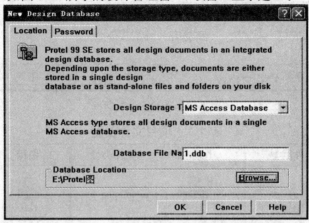

图 1-11　新建设计数据库文件对话框

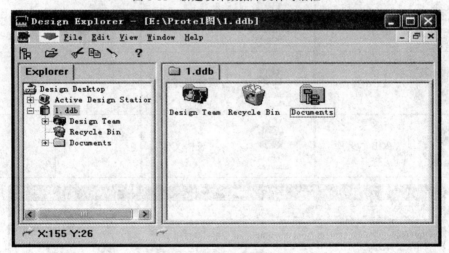

图 1-12　设计管理窗口

在图 1-12 所示界面中，如需再新建一个设计数据库文件，则执行菜单命令 File | New Design...，弹出如图 1-11 所示的对话框，其后的操作方法同上。

三、新建各类项目文件并打开

新建设计数据库后，在图 1-12 所示界面中，打开 Documents 文件夹，执行菜单命令 File | New...，弹出如图 1-13 所示的 New Documents 对话框，单击要创建文件的类型图标，然后单击 OK 按钮，即新建了相应类型的项目文件(项目文件类型见表 1-1)，再双击打开该文件。各类新建文件如图 1-14 所示。

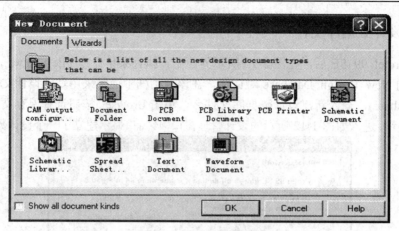

图 1-13　新建文件对话框

表 1-1　项目文件类型

图标	文件类型	图标	文件类型	图标	文件类型
CAM output configur...	生成 CAM 制造输出配置文件	PCB Printer	PCB 打印文件	Text Document	文本文件
Document Folder	文件夹	Schematic Document	原理图文件	Waveform Document	波形文件
PCB Document	PCB 文件	Schematic Librar...	原理图元件库		
PCB Library Document	PCB 封装库	Spread Sheet...	表格文件		

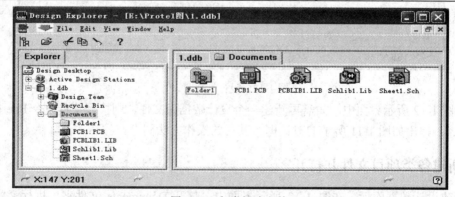

图 1-14　各类新建文件

四、保存

方法 1：执行菜单命令 File | Save，或单击工具栏中的 ⊟ 按钮，可保存当前打开的文件。

方法 2：执行菜单命令 File | Save As...(另存为)，系统弹出 Save As 对话框，在 Name 文本框中输入新的文件名，单击 OK 按钮，即将当前打开的文件更名保存为另一个新文件。

方法 3：执行菜单命令 File | Save All，将保存当前打开的所有文件。

五、关闭

(1) 退出 Protel 99 SE。

方法 1：点击右上角"×"。

方法 2：执行菜单命令 File | Exit。

方法 3：双击系统菜单图标。

方法 4：右击标题栏→关闭。

(2) 关闭设计数据库文件。

方法 1：执行菜单命令 File | Close Design。

方法 2：按 Ctrl + F4。

方法 3：单击设计数据库文件右上角"×"。

方法 4：右击设计数据库文件(*.ddb)标签→Close。

(3) 关闭设计数据库文件中所有文件。

右击设计数据库中任一文件标签→Close All Documents。

(4) 只关闭设计数据库文件中的某一文件。

右击该文件(如*.PCB)标签→Close。

六、打开设计数据库文件

方法 1：在 Protel 99 SE 界面下，执行菜单命令 File | Open...，找到相应的 Protel 99 SE 设计数据库文件→打开。

方法 2：在资源管理器中双击打开一个 Protel 99 SE 设计数据库文件。

任务三　Protel 99 SE 的文件管理

在 Protel 99 SE 中，所有与设计有关的文件(如原理图文件、PCB 文件等)都存储在一个单独的、集成化的数据库中，该数据库以 ddb 为后缀名保存在计算机中。这样不仅便于用户管理，而且增强了安全性。

一、选中

鼠标左键单击文件图标，即选中了该文件。

按住 Ctrl 键不放同时用鼠标左键分别单击多个文件图标，则选中了多个文件。

二、重命名

选中文件，执行菜单命令 Edit | Rename，更改文件名。

三、复制、粘贴及移动文件

复制、粘贴及移动文件必须在同一个 Protel 99 SE 工作界面下操作，否则无效。

1. 复制、粘贴

(1) 将光标移到要复制的文件图标上，单击鼠标右键，在弹出的快捷菜单中选择 Copy 命令，则该文件复制到剪贴板中。

(2) 打开目标文件夹，将光标移到工作窗口的空白处，单击鼠标右键，弹出快捷菜单，选择 Paste 命令，即可完成粘贴操作。

2. 移动文件

(1) 将光标移到要移动的文件图标上，单击鼠标右键，在弹出的快捷菜单中选择 Cut 命令，则该文件移动到了剪贴板中。

(2) 打开目标文件夹，将光标移到工作窗口的空白处，单击鼠标右键，在弹出的快捷菜单中选择 Paste 命令，完成移动操作，并在工作窗口中显示出来。

四、删除及还原文件

(1) 将文件放入设计数据库回收站 Recycle Bin 中。

方法 1：关闭需要删除的文件，将光标移到要删除文件的图标上，单击鼠标右键，在弹出的快捷菜单中选择 Delete 命令，在弹出的 Confirm 提示框中单击 Yes 按钮，则将文件放入设计数据库回收站 Recycle Bin 中。

方法 2：关闭需要删除的文件，选中该文件，执行菜单命令 Edit | Delete，在弹出的 Confirm 提示框中单击 Yes 按钮。

(2) 还原文件。打开回收站 Recycle Bin，在需要还原的文件图标上单击鼠标右键，在弹出的快捷菜单中选择 Restore 命令，或选中该文件，执行菜单命令 File | Restore，则将该文件恢复到原路径下。

(3) 彻底删除文件。

方法 1：

① 关闭需要彻底删除的文件。

② 在工作窗口中选中需要彻底删除的文件。

③ 按 Shift + Delete 键，在弹出的 Confirm 提示框中单击 Yes 按钮即可。

方法 2：清空回收站。

① 在工作窗口中打开回收站 Recycle Bin。

② 在空白处单击鼠标右键，选择 Empty Recycle Bin 命令，即可删除回收站中所有内容。

五、导出文件

方法 1：将光标移到要导出的文件图标上，单击鼠标右键，在弹出的快捷菜单中选择 Export...命令，在弹出的导出文件对话框中设定导出文件的路径，最后单击保存按钮，完成导出操作。

方法 2：选中导出的文件夹或文件图标，然后执行菜单命令 File | Export...。

方法 3：在文件管理器 Explorer 下，将光标移到要导出的文件夹或文件上，单击鼠标右键，在弹出的快捷菜单中选择 Export...命令，即可完成导出操作。

六、导入文件

方法 1：打开需要导入文件的设计数据库，再打开需要导入文件的文件夹，然后在工作窗口的空白处单击鼠标右键，在弹出的快捷菜单中选择 Import...命令，在导入文件对话框中，找到需要导入的文件，单击打开按钮，完成文件的导入。

如在弹出的快捷菜单中选择 Import Folder...命令，则可进行导入文件夹的操作。

如在弹出的快捷菜单中选择 Import Project...命令，则可进行导入项目的操作。

方法 2：在设计数据库下，执行菜单命令 File | Import...，可进行导入文件的操作。

任务四 系统参数设置

一、工具栏的显示设置

在对设计数据库文件中的文档进行设计操作的过程中，有时打开设计工具栏，工具栏却不显示，使得操作极不方便。解决的方法是：

单击 File 菜单左侧的 ◣(系统设置)按钮，选取 Customize...命令(若在编辑器中还可执行菜单命令 View | Toolbars | Customize...)，系统弹出 Customize Resources 对话框，选择 Toolbars 选项卡，在将要打开的工具栏前打上"×"。单击 Close 按钮退出即可。图 1-15 所示是 PCB 文件中工具栏的设置。

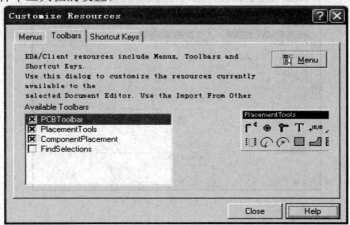

图 1-15 PCB 文件中工具栏的设置

二、对话框信息显示完整性的设置

在默认状态下，打开某些对话框时发现有的文字显示不全，使我们不能准确地理解有关信息的意义，正确的设置方法是：单击 File 菜单左侧的 ◣ 按钮，选取 Preferences... 命令，系统弹出 Preferences 对话框，该对话框只有一个选项卡 System Preferences，去掉

Use Client System Font For All Dialogs 选项前复选框中的 "✓"，单击 OK 按钮确定，这样系统即采用默认的字号，而不是用户设定的字号，所有对话框的信息就显示完整了，如图1-16 所示。

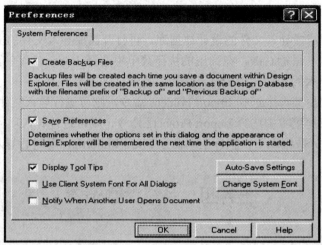

图 1-16　Preferences 对话框

三、设置系统字体

单击 File 菜单左侧的 ➡ 按钮，选取 Preferences…命令，系统弹出 Preferences 对话框，单击 Change System Font 按钮，系统弹出字体对话框，如图 1-17 所示，进行相应设置后，单击确定按钮。

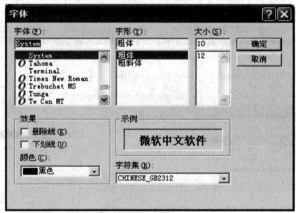

图 1-17　设置字体

四、自动保存设置

在设计的过程中，往往由于种种原因造成设计数据库文件来不及保存就退出了，绘图者只好重新操作，从而降低了设计工作的效率。因此必须对设计数据库文件进行有关自动保存设置。自动保存的设置方法如下：

单击 File 菜单左侧的 ➡ 按钮，选取 Preferences…命令，系统弹出 Preferences 对

话框，单击 Auto-Save Settings 按钮，系统弹出 Auto Save 对话框，如图 1-18 所示，选中 Enable 选项(复选框中为"√")，在 Time Interval 处设置文件自动保存的时间间隔，系统默认的自动保存时间间隔为 30 分钟，可改为 5 分钟；在 Number 处设置文件自动备份的数目，系统默认的自动备份数为 3 个，为了节省空间可改为 1 个；系统默认的自动备份文件夹的路径为 C:\Program Files\Design Explorer 99 SE\Backup\，也可根据需要自己指定保存备份文件的文件夹，方法是选中 Use backup folder 选项(复选框中为"√")，然后单击 Browse... 按钮指定保存备份文件的文件夹。该文件夹中的这些自动备份文件往往随着对设计数据库文件操作次数的增加而越存越多，因此应定期删除，以减少其所占硬盘的存储空间。

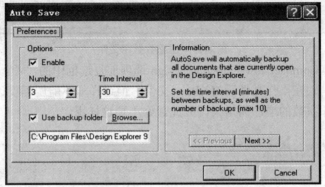

图 1-18　自动保存设置

特别需要说明的是，在 Auto Save 对话框中，如果去掉 Enable 选项前复选框中的"√"，系统就取消了自动保存功能，也就不存在自动备份文件了。一旦在设计的过程中因断电或其他原因意外退出而没来得及保存文件，则此次所做的工作就白做了，文件仍为最后一次保存后的内容。因此设计时最好不要去掉 Enable 选项前复选框中的"√"。

五、设计数据库文件瘦身设置

我们在用 Protel 99 SE 进行电子电路设计的时候，常常对设计数据库文件中的文档进行各种操作。在默认状态下，设计数据库文件本身随着操作次数的增加而不断增大，而且每个设计数据库文件所在文件夹中还会产生大量的备份或文件碎片，大大降低了硬盘空间的使用效率，因此我们有必要对设计数据库文件进行瘦身。

瘦身设置的具体操作步骤如下：

(1) 取消由设计数据库文件产生的备份文件。单击 File 菜单左侧的 ⬇ 按钮，选取 Preferences...命令，系统弹出如图 1-16 所示的 Preferences 对话框，去掉 Create Backup Files 选项前复选框中的"√"，单击 OK 按钮，即取消了由设计数据库文件产生的备份 Backup of *.* 及 Previous Backup of *.* 等文件。

(2) 压缩设计数据库文件。单击 File 菜单左侧的 ⬇ 按钮，选取 Design Utilities...命令，系统弹出 Compact & Repair 对话框，如图 1-19 所示。选择 Compact 选项卡，选中 Perform Compact after closing design 选项(复选框中为"√")，单击 Close 按钮退出，则在操作完毕后关闭设计数据库文件时，该数据库文件被压缩，同时在其后跟了一个 *.Bkp 文件(可删除不要)。

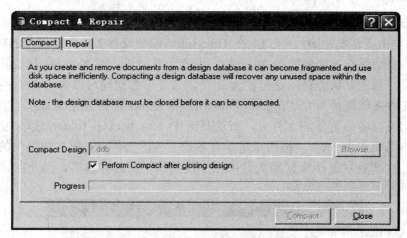

图 1-19　压缩数据库文件

　　若将 Perform Compact after closing design 选项前复选框中的"✓"去掉，单击 Close 按钮退出，可取消跟在操作文件后的*.Bkp 文件，但这样却不能压缩设计数据库文件了，该文件将随着操作次数的增加而增大，因此最好不要这样用。

练　　习

　　1. 给自己的电脑在默认安装路径下安装好 Protel 99 SE。
　　2. 在 E 盘根目录下新建一个文件夹，将该文件夹用你的中文姓名命名。在你的文件夹中新建一个设计数据库文件"姓名.ddb"，进入数据库文件夹"Document"。
　　① 创建名为"1.Sch"的原理图文件，并启动原理图设计编辑器。
　　② 创建名为"2.PCB"的 PCB 文件，并启动印制电路板设计编辑器。
　　③ 创建名为"3.Lib"的原理图元件库文件，并启动原理图元件库编辑器。
　　④ 创建名为"4.Lib"的 PCB 封装库文件，并启动 PCB 封装库编辑器。
　　⑤ 在各种编辑器之间切换。
　　⑥ 逐一关闭已经打开的设计文件和设计数据库。
　　⑦ 找到并双击打开设计数据库文件"姓名.ddb"，关闭所有已打开的设计文件。
　　操作 1：打开数据库文件夹 Document，创建一个新文件夹"我的设计图"。
　　操作 2：复制原理图文件 1.Sch 到"我的设计图"文件夹中，并重命名为 My1.Sch。
　　操作 3：剪切 PCB 文件 2.PCB 到"我的设计图"文件夹中，并重命名为 My1.PCB。
　　操作 4：将原理图元件库文件 3.Lib 拖到"我的设计图"文件夹中，并重命名为 My1.Lib。
　　操作 5：删除原理图文件 1.Sch、PCB 封装库文件 4.Lib。
　　操作 6：在回收站中，删除原理图文件 1.Sch，还原 PCB 封装库文件 4.Lib。
　　3. 完成对话框信息显示完整性的设置。取消由设计数据库文件产生的备份文件。
　　4. 将自动保存的时间间隔设置为 5 分钟，自动备份的数目设置为 1 个。

项目二　+5 V 直流稳压电源原理图的设计

学习目标：

(1) 了解 Protel 99 SE 原理图设计流程。

(2) 熟悉原理图编辑器的设置。

(3) 掌握放置原理图设计对象的操作。

(4) 掌握原理图的编辑与操作。

任务一　原理图设计准备

一、原理图设计流程

原理图设计是整个电路设计的基础，其一般设计流程如下，可根据实际情况适当调整。

(1) 新建原理图文件。

(2) 启动原理图编辑器。

(3) 设置图纸和工作环境。

(4) 加载原理图元件库。

(5) 放置元器件。

(6) 调整元器件布局。

(7) 电路布线及调整。

(8) 报表文件的生成。

(9) 文件的保存与输出。

二、原理图编辑器

1. 新建原理图文件

(1) 新建设计数据库文件。启动 Protel 99 SE，执行菜单命令 File｜New Design...，选择保存文件的路径，输入设计数据库文件名后，单击 OK 按钮，就进入项目设计管理窗口。

(2) 新建原理图文件。若要建立原理图文件，执行菜单命令 File｜New...，在对话框中选择 Schematic Document(原理图文件)，然后单击 OK 按钮。建立原理图文件的窗口如图 2-1 所示，双击原理图文件 Sheet1.Sch，就可以进入原理图编辑器。

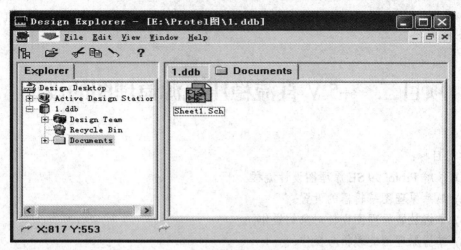

图 2-1　新建原理图文件

2. 原理图编辑器设计环境

图 2-2 所示为原理图编辑器设计环境,包括标题栏、菜单栏、主工具栏、设计管理器窗口、工作窗口、状态栏、浮动工具栏等。原理图编辑器有两个窗口,左边的窗口称为设计管理器窗口,右边的窗口称为工作窗口。

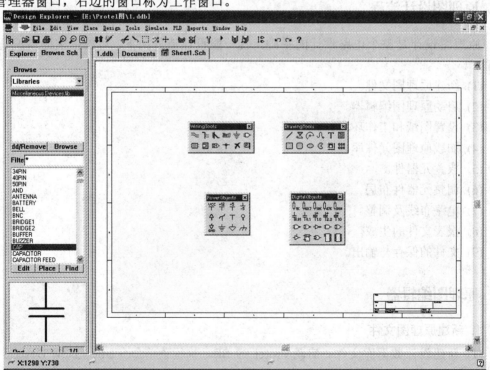

图 2-2　原理图编辑器

执行菜单命令 View | Design Manager,或单击主工具栏的 按钮,可以打开或关闭设计管理器。

为了保证元件浏览器显示完整,在实际使用中,必须把显示器的分辨率设置为 1024×768

像素以上。

三、工具栏

Protel 99 SE 提供形象直观的工具栏,用户可以通过单击工具栏上的按钮来执行常用的命令。

执行菜单命令 View | Toolbars,可以选择打开或关闭所需的工具栏。

1. 主工具栏

主工具栏的按钮功能如表 2-1 所示。

表 2-1　主工具栏的按钮功能

按　钮	功　能	按　钮	功　能
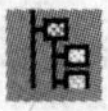	设计管理器开关		取消选中状态
	打开		移动选中对象
	保存		绘图工具栏开关
	打印		导线工具栏开关
	画面放大		仿真分析设置
	画面缩小		运行仿真器
	显示整张图纸		加载或移去元件库
	层次原理图的层次转换		浏览已加载的元件库
	放置交叉探测点	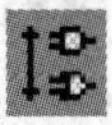	增加元件的单元号
	剪切选中对象		撤销上次操作
	粘贴		恢复上次操作
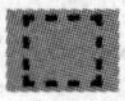	选中区域内的对象		激活帮助

2. 活动工具栏

(1) 导线工具栏。导线工具栏(Wiring Tools)提供了原理图中电气对象的放置命令。打开或关闭导线工具栏的方法:

方法 1：单击主工具栏中的 ■ 按钮。

方法 2：执行菜单命令 View | Toolbars | Wiring Tools。

导线工具栏中的按钮及功能详见表 2-2。

表 2-2　导线工具栏的按钮及功能

按　钮	功　　能	按　钮	功　　能
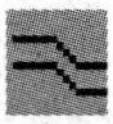	导线		层次原理图子电路符号
	总线		层次原理图子电路符号的端口
	总线分支	 D1	I/O 端口
 Net1	网络标号		电气连接点
	电源/地线符号		设置忽略电气检查规则标记
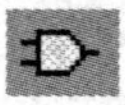	放置元件		放置 PCB 布线指示符号

(2) 绘图工具栏。绘图工具栏(Drawing Tools)提供了用来修饰、说明原理图所需要的各种图形，如直线、曲线、多边形、文本等。

绘图工具栏的使用详见"任务三　绘图工具的使用"。

(3) 电源工具栏。电源工具栏(Power Objects)提供了一些在绘制原理图中常用的电源和接地符号。

打开电源工具栏的方法：执行菜单命令 View | Toolbars | Power Objects。

(4) 常用器件工具栏。常用器件工具栏(Digital Objects)提供了一些常用的数字器件。

打开常用器件工具栏的方法：执行菜单命令 View | Toolbars | Digital Objects。

四、原理图编辑器设计环境常用设置

1. 图纸设置

在开始设计原理图之前，一般要先设置图纸参数，设置合适的图纸参数是设计好原理图的第一步，必须根据实际原理图的规模和复杂程度而定。

(1) 图纸格式设置。执行菜单命令 Design | Options...，或在图纸区域内单击鼠标右键，在弹出的快捷菜单中选择 Document Options...，系统弹出 Document Options 对话框，如图 2-3 所示，选择 Sheet Options(图纸设置)选项卡。

Protel 99 SE 中默认使用的是英制尺寸，它与公制尺寸之间的关系是：

$$1 \text{ inch} = 25.4 \text{ mm}, \qquad 1 \text{ inch} = 1000 \text{ mil}$$

$$1 \text{ mil} = 0.0254 \text{ mm}, \qquad 100 \text{ mil} = 0.1 \text{ inch} = 2.54 \text{ mm}$$

$$1 \text{ mm} = 40 \text{ mil}$$

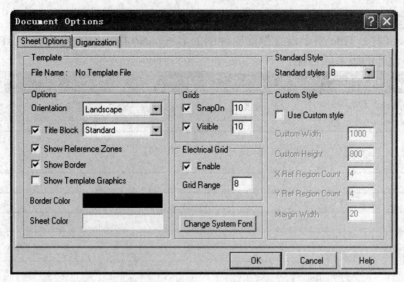

图 2-3　Document Options 对话框

选项卡中的内容说明如下：

① Standard Style 选项区域：设置图纸尺寸。单击 Standard styles 列表框的下拉按钮，可从中选择图纸的尺寸。一般使用 A4 幅面，特殊情况如器件过大或某些器件联系过于密切而一页 A4 纸又画不下的可使用 A3 幅面。

② Custom Style 选项区域：自定义图纸尺寸。要自定义图纸尺寸，首先要选中 Use Custom style 选项，以激活自定义图纸功能。

Custom Width：设置图纸宽度。

Custom Height：设置图纸高度。

X Ref Region Count：设置 X 轴框参考坐标刻度。

Y Ref Region Count：设置 Y 轴框参考坐标刻度。

Margin Width：设置图纸边框宽度。

③ Options 选项区域：图纸显示参数的设置。在这个区域中，用户可以对图纸方向、标题栏、图纸边框等进行设置。

Orientation：设置图纸方向。Landscape——水平放置；Portrait——垂直放置。

Title Block：设置图纸标题栏。Standard——标准模式；ANSI——美国国家标准协会模式。选中图 2-3 中 Title Block 前的复选框，则显示标题栏，否则不显示。

Show Reference Zones：显示图纸参考尺度，一般设置为选中，则显示。

Show Border：显示图纸边框，一般设置为选中，即显示图纸边框。

Show Template Graphics：显示图纸模板图形。

Border Color：设置图纸边框颜色。

Sheet Color：设置图纸底色设置。

(2) 图纸信息设置。在图 2-3 中选中 Organization 选项卡，设置设计者的组织机构信息，如图 2-4 所示。选项卡中主要内容如下：

Organization 栏：用于填写设计者公司或单位的名称。

Address 栏：用于填写设计者公司或单位的地址。

Sheet 栏：No.用于设置当前原理图的编号；Total 用于设置原理图总数目。

Document 栏：Title 用于设置当前原理图的名称；No.用于设置图纸编号；Revision 用于设置电路设计的版本或日期。

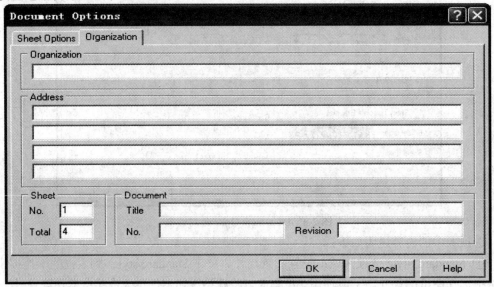

图 2-4　Organization 选项卡

2. 栅格设置

(1) 栅格尺寸设置。在图 2-3 所示的 Sheet Options(图纸设置)选项卡中，Grids 选项区域用于图纸栅格尺寸设置。在 Protel 99 SE 中，栅格类型主要有捕捉栅格、可视栅格和电气栅格三种。

① 捕捉和可视栅格设置。

Grids(栅格)选项区域如下：

SnapOn：选中该选项时，使用捕捉栅格，即元件和线等图形对象最小只能跳跃式地移动一个栅格，且其活动光标的中心只能跳跃式地移动到栅格的交叉点上，捕捉栅格的默认值为 10 mil。

Visible：选中该选项时，屏幕显示可视栅格，可视栅格的默认值为 10 mil。

② 电气栅格的设置。

Electrical Grid 电气栅格选项区域：Enable 被选中时，放置的导线一旦进入电气栅格的捕捉范围，导线的线端就会自动与元件引脚的端头连上，连接处显示一个大黑点。该黑点又称为电气热点。

③ 三种栅格之间的关系。可视栅格主要用于显示，帮助画图人员认定元件的位置；捕捉栅格用于将元件、连线等放置在栅格上，使图形对齐好看，容易画图；而电气栅格用于连线，一般要求捕捉栅格的距离大于电气栅格的距离。如果捕捉栅格为 10 mil，则电气栅格设置为 8 mil。

④ 使用菜单命令打开或关闭栅格。

使用菜单命令 View | Visible Grid 打开或关闭可视栅格。

使用菜单命令 View | Snap Grid 打开或关闭捕捉栅格。有时放置文字时，不需要把文

字放在栅格上，就应该去掉捕捉栅格。

使用菜单命令 View | Electrical Grid 打开或关闭电气栅格。

(2) 可视栅格形状设置。Protel 99 SE 提供了线状和点状两种不同形状的可视栅格。执行菜单命令 Tools | Preferences...，系统弹出 Preferences 对话框，如图 2-5 所示。在 Graphical Editing(绘图编辑)选项卡中单击 Cursor/Grid Options(光标/栅格设置)区域中 Visible Grid(可视栅格)选项的下拉按钮，从下拉列表中选择栅格的类型，共有 Line Grid(线状栅格)和 Dot Grid(点状栅格)两个选项。系统的默认设置是线状栅格。

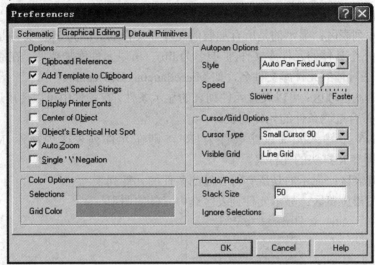

图 2-5　Preferences 对话框 Graphical Editing 选项卡

3. 光标形状的设置

Protel 99 SE 可以设置光标在画图、连线和放置元件时的形状。

在图 2-5 所示的 Graphical Editing 选项卡中单击 Cursor/Grid Options(光标/栅格设置)区域中 Cursor Type(光标样式)选项的下拉按钮，从下拉列表中选择光标的形状，共有三个选项：

(1) Large Cursor 90：大十字光标。通常是绘图者的首选设置。

(2) Small Cursor 90：小十字光标。系统的默认设置。

(3) Small Cursor 45：小 45°十字光标。

五、常用快捷键

PageUp：放大视图。

PageDown：缩小视图。

End：刷新画面。

Tab：在对象处于浮动状态时，编辑对象属性。

按空格键一次：逆时针旋转 90°或变更走线方式。

X：水平镜像。

Y：垂直镜像。

Esc：结束当前操作。

任务二　原理图设计的基本操作

一、浏览及放置元件

1. 在原理图编辑器中的 Browse Sch 选项卡下浏览及放置元件

在图 2-6 所示的 Browse Sch 选项卡中，通过四个区域可以浏览元件。

(1) 元件库列表区：显示的是所有加载的元件库文件名。因为 .ddb 文件是个容器，里面包含一个或几个具体的元件库文件(扩展名为.lib)，所以元件库加载后，在原理图管理器中显示的是这些具体的元件库文件名，如 Miscellaneous Device.lib。

(2) 元件过滤选项区：可以设置元件列表的显示条件，在条件中可以使用通配符" ＊ "，显示元件库中符合过滤条件的元件列表。

若在图 2-6 中输入元件过滤条件为 R*，则在元件列表区内显示 Miscellaneous Devices.lib 中所有 R 打头的元件名。

(3) 元件列表区：显示的是所有符合过滤条件的元件列表。

(4) 元件图形浏览区：显示元件列表区选中元件的图形。

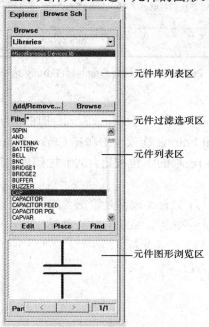

图 2-6　Browse Sch 选项卡

在图 2-6 所示的 Browse Sch 选项卡中，双击元件名称(如 CAP)或单击元件名称后单击 Place 按钮，此时光标上粘着一个所选元件，移动光标到合适位置单击鼠标左键，元件就放到了图纸上，此时系统仍处于放置元件状态，可继续放置该元件。单击鼠标右键可退出放置状态。

2. 利用原理图编辑器主工具栏中的按钮浏览及放置元件

如在利用 Browse Sch 选项卡浏览元件时不能完整显示元件图形，可以单击主工具栏中

的 按钮，弹出如图 2-7 所示的 Browse Libraries 对话框，选择要浏览的元件库，再单击任一元件名后用键盘上的↑、↓(或→、←)键来浏览元件。

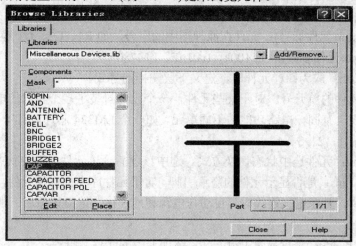

图 2-7　Browse Libraries 对话框

在图 2-7 所示的 Browse Libraries 对话框中，单击元件名称后按 Place 按钮，光标上粘着一个所选元件，移动光标到合适位置单击鼠标左键，元件就放到了图纸上。一次只能放置一个元件。

3. 直接进入元件库中浏览元件及放置元件到原理图中

如在利用 Browse Sch 选项卡浏览元件时不能完整显示元件图形，可以点击图 2-6 中的 Edit 按钮，直接进入当前元件所在的原理图元件库，单击任一元件名后再用键盘上的↑、↓(或→、←)键来浏览元件。找到相应的元件后按 Place 按钮，此时自动回到原理图编辑器中，且光标上粘着一个所选元件，移动光标到合适位置单击鼠标左键，元件就放到了图纸上，此时系统仍处于放置元件状态，可继续放置该元件。单击鼠标右键可退出放置状态。

二、元件属性设置

Protel 99 SE 设计原理图系统中所有的元件都具有自己的相关属性，熟悉元件属性的设置可以帮助调整元件。在元件放置过程中，当元件处于浮动状态时，按键盘上的 Tab 键，弹出如图 2-8 所示的元件属性对话框，或者在已经放置的元件上双击鼠标也可以打开元件属性对话框。

Protel 99 SE 对原理图元件符号设置了以下几个属性。

(1) Lib Ref(元件名称)：元件符号在元件库中的名称。电容符号在元件库中的名称是 CAP，不会在原理图中显示出来。

(2) Footprint(元件封装)：元件的外形名称。一个元件可以有不同的外形，即可以有多种封装

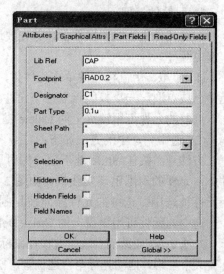

图 2-8　元件属性对话框

形式。元件的封装形式主要用于印制电路板图。这一属性值在原理图中不显示。如果绘制的原理图需要转换成印制电路板，在元件属性中必须输入该项内容。关于元件的封装，将在项目六中详细介绍。

(3) Designator(元件标号)：元件在原理图中的序号，如 R1、C3、U1 等。

(4) Part Type(元件参数)：如 100k、0.01μF、LM7805 等。

(5) Sheet Path：成为图样元件时，定义下层图样的方式。

(6) Part：元件的单元号。对于某些元件，一个元件封装了多个相同的电路，此时 Part 的不同序号代表具有同一电路功能的不同单元。如一个 LM324 芯片内有 4 个相同的单元，其单元号分别为 1、2、3、4。

(7) Selection：元件选中状态切换方式。选中该项后，该元件为选中状态。

(8) Hidden Pins：是否显示元件的隐藏引脚。对于元件库中提供的元件，一般隐藏电源引脚和接地引脚，且在电气连线时，自动与电源和地连接。选中该项后，则显示元件的隐藏引脚。

(9) Hidden Fields：是否显示 Part Fields 选项卡中的元件数据栏。

(10) Field Names：是否显示元件数据栏的名称。

元件放置过程中，当元件处于浮动状态时，按键盘上的 Tab 键，弹出如图 2-8 所示的元件属性对话框，如果输入元件标号 C1，单击 OK 按钮，则光标上粘着元件 C1，移动光标至需要放置的位置，单击鼠标左键放下元件 C1，放置后，系统仍处于放置状态，且再将光标移至其他位置放置下一个同类元件时系统会自动累加为 C2，同理放置 C3、C4…，单击鼠标右键退出放置状态。

三、元件的编辑

放置元件后，在连线前根据需要对元件进行选取、复制、剪切、粘贴、阵列式粘贴、移动、旋转、删除等编辑操作。

1. 元件的选取

在对元件进行编辑操作前，首先要选取元件，原理图编辑器中元件的选取形式有点取和选中两种。

(1) 点取。用鼠标左键单击元件体，元件的周围出现黑色虚框，如图 2-9(a)所示，说明元件已被点取。一次只能点取一个元件。点取的元件不能被复制。

点取的元件可用键盘上的 Delete 键删除。

(2) 选中。选中的方法如下：

方法 1：按住 Shift 键不放，同时用鼠标单击元件体，元件的周围出现实线框，如图 2-9(b)所示，说明元件被选中。选中的元件才能被复制。

选中的元件可用键盘上的 Ctrl + Delete 键删除。

方法 2：在图纸的合适位置按住鼠标左键不放，光标变成十字形，拖动光标至合适位置，松开鼠标左键，拖出的矩形框内的所有元件被选中。

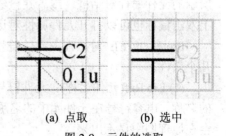

　　(a) 点取　　　　(b) 选中

图 2-9　元件的选取

方法 3：单击主工具栏上的 ▦ 按钮，光标变成十字形，在图纸的合适位置单击鼠标左键，拖动光标至合适位置，再次单击鼠标左键，形成的矩形区域框内的所有元件被选中。

方法 4：执行菜单命令 Edit｜Select，用鼠标单击其子菜单可以进行以下选择：Inside Area(框内区域)、Outside Area(框外区域)、All(所有)、Net(同一网络的图件)和 Connection(引脚之间实际连接的图件)。

方法 5：执行菜单命令 Edit｜Toggle Selection。该命令实际上是一个开关命令，当元件处于未选中状态时，使用该命令可选中元件；当元件处于选中状态时，使用该命令可以取消选中状态。

2. 元件选中状态的取消

取消元件的选中状态的方法有以下三种。

方法 1：单击主工具栏上的 ▨ 按钮，取消所有元件的选中状态。

方法 2：执行菜单命令 Edit｜Deselect，有三个子菜单：Inside Area(框内区域)、Outside Area(框外区域)和 All(所有)，根据需要选择取消元件的选中状态的方式。

方法 3：执行菜单命令 Edit｜Toggle Selection。执行该命令后，用鼠标单击选中的元件，取消其选中状态。

3. 元件的复制与剪切

(1) 元件的复制。选中要复制的对象，执行菜单命令 Edit｜Copy，光标变成十字形，在选中的对象上单击鼠标左键，确定参考点(参考点的作用是在进行粘贴时以参考点为基准)，此时选中的内容被复制到剪贴板上。

(2) 元件的剪切。选中要剪切的对象，执行菜单命令 Edit｜Cut，光标变成十字形，在选中的对象上单击鼠标左键，确定参考点，此时选中的内容被复制到剪贴板上，同时选中的对象也随之消失。

4. 元件的粘贴

承接上面元件的复制或剪切操作。单击主工具栏上的 ▧ 按钮，或执行菜单命令 Edit｜Paste，光标变成十字形，且被粘贴对象处于浮动状态粘在光标上，在适当位置单击鼠标左键完成粘贴。

5. 元件的移动

移动元件最常用的方法如下：

方法 1：用鼠标左键按住要移动的元件体不放，将元件拖到目标位置后松开左键。

方法 2：利用主工具栏上的 ✛ 按钮移动已选中的对象。

6. 元件的旋转

用鼠标左键按住要旋转的元件体不放，使元件处于浮动状态，这时，每按一次 Space 键，元件可以逆时针旋转 90°，按 X 键使元件水平翻转，按 Y 键使元件垂直翻转，松开鼠标左键完成该操作。该组快捷键操作与中文输入法有冲突，如果在中文输入法状态下，快捷键操作失效，切换到英文输入法后就正常了。

7. 元件的删除

(1) 快捷键。点取的元件(黑色虚框)可用键盘上的 Delete 键删除。选中的元件(黄色实线框)可用键盘上的 **Ctrl+Delete** 键删除。

(2) 菜单命令。**Edit** 菜单里有两个删除命令，即 **Clear** 和 **Delete** 命令。

Clear 命令的功能是删除已选中的元件。启动 **Clear** 命令之前需要选中元件，启动 **Clear** 命令后，已选中的元件立刻被删除。

Delete 命令的功能也是删除元件，只是启动 **Delete** 命令之前，不需要选中元件；启动 **Delete** 命令后，光标变成十字形，将光标移到所要删除的元件上单击鼠标左键，即可删除该元件。

四、放置电源及接地符号

1. 利用导线工具栏中的按钮放置

单击导线工具栏的 ![按钮] 按钮，此时光标上粘着一个上一次绘制的电源或接地符号，移动光标到合适位置单击鼠标左键，该电源或接地符号就放到了图纸上，此时系统仍处于放置电源或接地符号状态，可继续放置。单击鼠标右键可退出放置状态。用此方法只能放置上一次绘制的电源或接地符号。

2. 利用电源工具栏放置

执行菜单命令 View | Toolbars | Power Objects 调用电源工具栏，单击如图 2-10 所示电源工具栏中的相应按钮，此时光标上粘着一个所选的电源或接地符号，移动光标到合适位置单击鼠标左键，该电源或接地符号就放到了图纸上。一次只能放置一个电源或接地符号。用此方法可放置想要的任意形式的电源或接地符号。

图 2-10　电源工具栏

3. 电源符号属性

双击电源或接地符号，系统弹出如图 2-11 所示的电源符号属性对话框。

该对话框各选项说明如下：

(1) Net：设置电源和接地符号的网络名，通常电源符号设为 VCC，接地符号设为 GND。

(2) Style：电源符号的显示类型。

(3) X-Location、Y-Location：电源符号的坐标位置。

(4) Orientation：电源符号的放置方向。有 0 Degrees、90 Degrees、180 Degrees、270 Degrees 共四个方向。

(5) Color：电源符号的显示颜色。

(6) Selection：电源符号是否被选中。

由于在放置符号时，若初始出现的是电源符号 VCC，若要放置接地符号，除了在 Style 下拉列表中选择接地符号图形外，还必须将 Net(网络名)文本框修改为 GND。

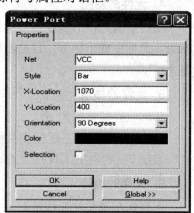

图 2-11　电源符号属性对话框

五、放置导线

元件的位置调整好后，下一步是对各元件进行线路连线。在 Protel 99 SE 中，导线具有电气性能，不同于一般的直线，这一点要特别注意。

1. 导线的放置

单击导线工具栏(Wiring Tools)中的放置导线按钮 执行菜单命令 Place｜Wire，光标变为十字形，系统处在画导线状态。将光标移至所需位置单击鼠标左键定义导线起点，每次在导线的转折处单击鼠标左键确定转折点，在导线的终点处单击鼠标左键确定终点，单击鼠标右键确定完成了一整条导线的绘制。此时系统仍处在画导线状态，可按上述步骤完成多条导线绘制。完成全部导线的绘制后，再单击鼠标右键即可退出绘制状态。

在导线连接中，当光标接近引脚端点时，出现一个大的黑点，这是由于设置了电气栅格 Electrical Grid 这一选项。这个大的黑点代表电气连接的意义，此时单击左键，这条导线就与引脚之间建立了电气连接。有了电气栅格 Electrical Grid 可以很方便地使导线与元件引脚连接。

如果在连接导线时不是按元件引脚端点与端点相连，即电气栅格黑点与黑点相连，就会出现如图 2-12 所示的多余的 Junction (连接点)，这说明导线连接出错。

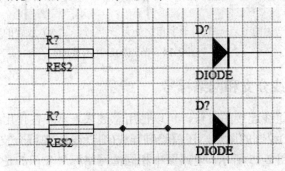

图 2-12　导线连接出错

2. 连接导线的修改

鼠标左键轻轻点击一下要修改的导线后立即松开左键，可看到导线上的起点、终点和各转折点处均出现灰色小方形的可控点，若鼠标左键轻轻点击一下要移动的导线上的非可控点处立即松开左键，光标变成十字形并粘上该段导线，这时移动光标到目的地后点击鼠标左键即放下了该段导线；若鼠标左键轻轻点击一下要移动的可控点后立即松开左键，光标变成十字形并粘上该可控点，这时移动光标到目的地后单击鼠标左键即放下了该可控点。如此多次修改使连接导线达到想要的效果，如图 2-13 所示。

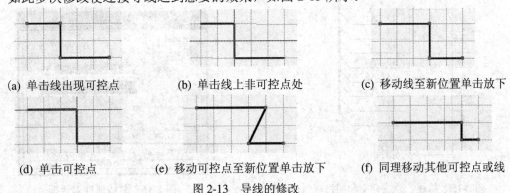

(a) 单击线出现可控点　　　(b) 单击线上非可控点处　　　(c) 移动线至新位置单击放下

(d) 单击可控点　　　(e) 移动可控点至新位置单击放下　　　(f) 同理移动其他可控点或线

图 2-13　导线的修改

六、放置线路连接点

线路连接点也称为节点，表示两条导线相交时的状况。在原理图中，两条相交的导线如果有连接点，则认为两条导线在电气上相连接，若没有连接点，则在电气上不相连。

在绘制导线时，系统将在 T 字形连接处自动产生节点，如图 2-14(a)所示。而两条呈十字形的导线，系统在相交处默认是无节点的，如图 2-14(b)所示。如果在十字相交处需要有节点，则必须专门放置。方法如下：

单击导线工具栏中的 ✦ 图标，或执行菜单命令 Place | Junction，在两条导线的交叉点处单击鼠标左键，则放置好一个节点，此时仍为放置状态，可继续放置，单击鼠标右键，退出放置状态。完成后如图 2-14(c)所示。

(a) 自动产生的节点　　　(b) 十字相交处无节点　　　(c) 放置的节点

图 2-14　节点的应用

七、放置总线、总线分支和网络标号

电路图需要用一组线连接的时候，可以使用总线来表示。在使用 Protel 99 SE 绘图软件时，用总线(粗实线)绘制的图形，还需绘制导线(细直线)、总线分支(细斜线)、标示每根导线的网络标号，如图 2-15 所示。电路图中相同的网络标号表示的是同一根线，即电路是连通的。因此，在原理图中合理地使用总线，可以使图面简洁明了。

1. 绘制总线

单击导线工具栏(Wiring Tools)的 ▦ 按钮或执行菜单命令 Place | Bus，进入放置总线状态。总线的绘制方法同导线的绘制方法。

在绘制总线状态下按 Tab 键，系统弹出总线属性对话框，在该对话框中可以修改线宽和颜色，如图 2-16 所示。

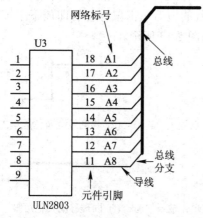

图 2-15　总线、总线分支和网络标号的绘制

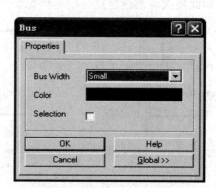

图 2-16　总线属性对话框

2. 放置总线分支线

由元件引脚引出的导线与总线的连接是通过总线分支线来实现的，总线分支线是 45°或 135°倾斜的短线段，如图 2-15 所示。

单击导线工具栏(Wiring Tools)的 ▨ 按钮或执行菜单命令 Place | Bus Entry，进入放置总线分支线的状态。此时光标上带着悬浮的总线分支线，将光标移至总线和引脚引出的导线之间，按空格键变换倾斜角度，单击鼠标左键放置一个总线分支线，此时系统仍处于放置总线分支线状态，可继续进行放置操作，单击鼠标右键退出放置状态。

3. 放置网络标号

网络标号的物理意义是电气连接点。在电路图上具有相同网络标号的电气连线是连在一起的，即在两个以上没有相互连接的网络中，把应该连接在一起的电气连接点定义成相同的网络标号，使它们在电气含义上属于真正的同一网络。这个功能在将原理图转换成印制电路板的过程中十分重要。

网络标号的作用范围可以是一张电路图，也可以是一个项目中的所有电路图。

放置网络标号，可以通过单击导线工具栏(Wiring Tools)的 ▨ 按钮或执行菜单命令 Place | Net Label，进入放置网络标号的状态。此时光标处带有一个虚线框，按 Tab 键，系统弹出如图 2-17 所示的网络标号属性对话框，可修改网络标号名、标号方向等，如果输入网络标号名 A1，单击 OK 按钮，则光标带着已改好网络标号名的虚线框，移动光标至需要放置网络标号的导线上，当虚线框和导线相连处出现一个大的黑点时，表明与该导线建立电气连接，单击鼠标左键放下网络标号，此时系统仍处于放置网络标号状态，且再将光标移至其他位置放置下一个网络标号时系统会自动累加为 A2，同理放置 A3、A4…直到满足需要为止，单击鼠标右键退出放置状态。重复上述操作，下一轮网络标号又可以按第一个输入值开始累加。完成绘制的网络标号如图 2-15 所示。

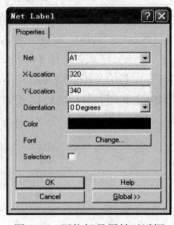

图 2-17 网络标号属性对话框

网络标号还可运用于原理图中距离较远的两个元器件之间的连线(特别是成组连线)，可以不必画出实际的连线，采用中断的办法来表示，这样可以大大简化图形，在这种线的断开处一般用网络标号 NetLabel 标明，相同网络标号表示线是连在一起的。

八、放置电路的 I/O 端口

用户可以通过设置相同的网络标号，使两个电路具有电气连接关系。此外，用户还可以通过制作 I/O 端口，并且使某些 I/O 端口具有相同的名称，从而使它们被视为同一网络，即在电气上具有连接关系。

单击导线工具栏(Wiring Tools)的 ▨ 按钮，或执行菜单命令 Place | Port，此时光标变成十字形，且光标上粘着一个浮动的端口，移动光标至合适位置，单击鼠标左键，确定端口的左边界，光标向右拖出，在适当位置单击鼠标左键确定端口右边界，如图 2-18 所示。放置端口后，系统仍处于放置端口状态，单击鼠标左键继续放置，单击鼠标右

键退出放置状态。

在放置过程中按下 Tab 键，系统弹出 Port(端口)对话框，或双击已放置好的端口，在弹出的 Port(端口)对话框中进行设置，如图 2-19 所示。

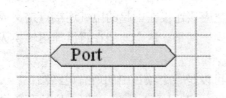

图 2-18　放置端口　　　　　　　　　　图 2-19　Port (端口)对话框

Port(端口)对话框中各项的含义如下：

Name：名称。若要使输入的名称上有上画线，如 $\overline{RD}$，则输入方式为 R\D\。

Style：样式。共有 8 种样式，分别为 None (Horizontal) (水平无指向)、Left (向左)、Right (向右)、Left＆Right (左右)、None (Vertical) (垂直无指向)、Top (向上)、Bottom (向下)、Top ＆Bottom (上下)。端口样式如图 2-20 所示。

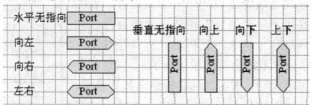

图 2-20　端口样式

I/O Type：输入/输出类型。共有 4 种输入/输出类型，分别为 Unspecified(未指定)、Output(输出)、Input(输入)、Bidirectional(双向)。

Alignment：端口名在端口框中的显示位置。共有三个选项，分别为 Center(居中)、Left(居左)、Right(居右)。

任务三　绘图工具的使用

一、绘图工具栏

绘图工具栏(Drawing Tools)提供了用来修饰、说明原理图所需要的各种图形，如直线、曲线、多边形、文本等。

打开或关闭绘图工具栏的方法：

方法 1：单击主工具栏中的 按钮。

方法 2：执行菜单命令 View | Toolbars | Drawing Tools。

绘图工具栏中各按钮的功能详见表 2-3。

表 2-3 绘图工具栏的按钮及功能

按钮	功　能	按钮	功　能
	直线		实心矩形
	多边形		圆角矩形
	椭圆弧		椭圆
	曲线		圆饼
	文字标注		粘贴图片
	文本框		阵列粘贴

二、绘图工具栏的使用

1. 绘制直线

直线的绘制与导线的绘制方法相似。

单击绘图工具栏(Drawing Tools)中的绘制直线按钮 ，光标变为十字形，系统处于绘制直线状态。将光标移至所需位置单击鼠标左键定义直线起点，在每段直线的转折处单击鼠标左键确定转折点，在直线的终点处单击鼠标左键确定终点，单击鼠标右键确定完成了一整条直线或折线的绘制。此时系统仍处在画直线状态，可按上述步骤完成多条直线绘制。完成全部直线的绘制后，再单击鼠标右键退出绘制状态。

2. 绘制多边形

(1) 单击绘图工具栏(Drawing Tools)上的绘制多边形按钮 ，光标变为十字形。拖动光标到合适位置，单击鼠标左键，确定多边形的一个顶点。

(2) 拖动鼠标到下一个顶点处，单击鼠标左键确定。

(3) 继续拖动鼠标到多边形的第三个顶点处，重复以上步骤，此时在图样上将有浅灰色的示意图形出现。继续依次拖动鼠标单击左键，确定其他顶点直到一个完整的多边形绘制完毕，单击鼠标右键退出此多边形的绘制，绘制的多边形为实心的灰色图形。

画完多边形后可对其属性进行修改，如图 2-21 所示。

图 2-21　多边形属性设置对话框

3. 绘制椭圆弧线

绘制椭圆弧线的步骤：依次确定椭圆弧的圆心、横向半径、纵向半径、起点、终点。具体操作方法如下：

(1) 单击绘图工具栏(Drawing Tools)上的绘制椭圆弧线按钮 ⊙，此时光标变为十字形且粘着上次已画的椭圆弧线，移动光标到合适位置单击鼠标左键，确定椭圆弧线的圆心。

(2) 此时光标向右跳到椭圆弧线横向的圆周顶点，移动光标，选择合适的椭圆弧线横向半径长度，单击鼠标左键确认。

(3) 光标向上跳到椭圆弧线纵向的圆周顶点，移动光标，选择合适的椭圆弧线纵向半径长度，单击鼠标左键确认。

(4) 广标跳到椭圆弧线上，移动光标到适当的位置，单击鼠标左键确认椭圆弧线的起点。

(5) 光标跳到椭圆弧线上的另一点，移动光标到沿弧线逆时针适当的位置，单击鼠标左键确认椭圆弧线的终点。此时椭圆弧线绘制完成，如图 2-22 所示。

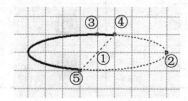

图 2-22　椭圆弧线绘制步骤

此时系统仍然处于"绘制椭圆弧线"的命令状态，可继续重复以上操作，也可单击鼠标右键或按 Esc 键退出。

画完椭圆弧线后可对其属性进行修改，如图 2-23 所示。

当椭圆弧线的起点和终点重合时，按上述方法可画出完整椭圆线。当椭圆弧线的横向半径等于纵向半径且起点和终点重合时，按上述方法以画出整圆线，如图 2-24 所示。

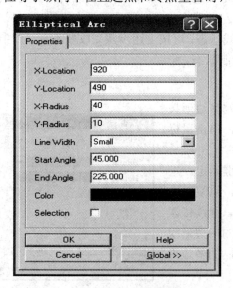

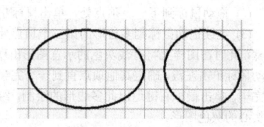

图 2-23　椭圆弧线属性设置对话框　　　　　图 2-24　椭圆线和整圆线

4. 绘制贝塞尔曲线

贝塞尔曲线是计算机绘图运用的基本线条之一。贝塞尔曲线是依据 4 个位置任意的点坐标绘制出的一条光滑曲线，它必定通过起点和终点两个点，称为端点；中间两个点虽然未必通过，但却起到牵制曲线形状路径的作用，称为控制点；两个控制点间用虚直线段连接，称为虚拟控制线。移动两端的端点时改变贝塞尔曲线的曲率(弯曲程度)；移动中间的控制点(即移动虚拟控制线)时，贝塞尔曲线在起点和终点锁定的情况下做均匀移动。贝塞尔曲线的起点相切于曲线的起始部分，贝塞尔曲线的终点相切于曲线的最后部分。贝塞尔曲线上的所有端点、控制点均可编辑。这种"智能化"的矢量线条为人们提供了一种理想的图形编辑与创造的工具。

绘制贝塞尔曲线的步骤：依次确定曲线的起点、控制点 1、控制点 2、终点。

具体操作方法如下：

(1) 单击绘图工具栏(Drawing Tools)上的绘制贝塞尔曲线按钮 ，此时光标变成十字形，移动光标到合适位置单击鼠标左键，确定曲线的起点。

(2) 移动光标，此时光标与曲线的起点间形成一条虚直线段(切线)，选择合适位置单击鼠标左键确定控制点 1。

(3) 移动光标，此时光标与曲线的控制点 1 间形成一条虚直线段(虚拟控制线)，选择合适位置单击鼠标左键确定控制点 2。

(4) 移动光标，此时光标与曲线的终点间形成一条虚直线段(切线)，选择合适位置单击鼠标左键，确定曲线的终点。

此时贝塞尔曲线绘制完成，如图 2-25 所示。

此时系统仍然处于"绘制贝塞尔曲线"的命令状态，可继续重复以上操作，也可单击鼠标右键或按 Esc 键退出。

画完贝塞尔曲线后，如需修改，可单击贝塞尔曲线的起点或终点，贝塞尔曲线出现 4 个灰色小方形的可控点(2 个端点和 2 个控制点)，如图 2-25 所示，根据具体情况需要，用鼠标拖动其中的 1 个可控点，同时观察曲线形状的变化，移动鼠标到合适位置后松开左键确定该可控点新的位置，曲线的形状即随之改变。如此可多次修改，至满意为止。

画完贝塞尔曲线后可对其属性进行修改，如图 2-26 所示。

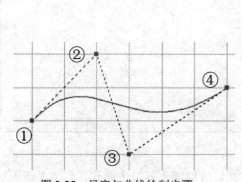

图 2-25　贝塞尔曲线绘制步骤

图 2-26　贝塞尔曲线属性设置对话框

贝塞尔曲线是直线的充分必要条件是端点、控制点 4 点共线。当贝塞尔曲线的起点、终点和两个控制点共线时，按上述方法可以画出直线。

5. 放置文字标注

单击绘图工具栏(Drawing Tools)上的放置文字标注按钮 **T**，此时光标变成十字形且上次的标注以虚线框的形式粘在光标上，此时按键盘上的 Tab 键，弹出文字标注属性设置对话框，在 Text 处输入需要放置的文字，如图 2-27 所示，单击 OK 按钮，此时光标上粘着需要放置的文字标注的虚线框，移动光标到合适位置单击鼠标左键放置文字标注。

此时已完成文字标注的放置，而系统仍然处于"放置文字标注"的命令状态，可继续重复以上操作，也可单击鼠标右键或按 Esc 键退出。

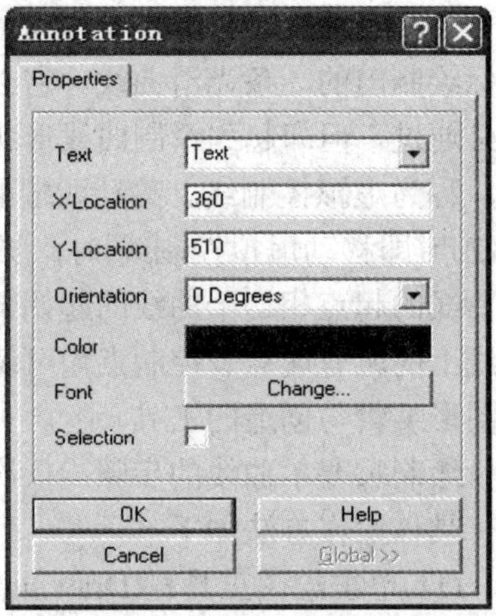

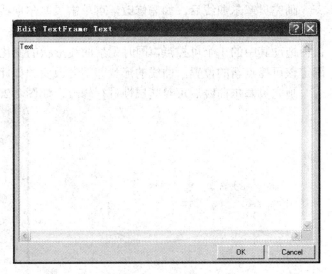

图 2-27　文字标注属性设置对话框

6. 放置文本框

单击绘图工具栏(Drawing Tools)上的放置文本框按钮 ▦，此时光标变成十字形且上次的文本框以虚线框的形式粘在光标上，此时按键盘上的 Tab 键，弹出如图 2-28 所示的 Text Frame 对话框，在 Text 处按 Change...按钮，弹出如图 2-29 所示的 Edit TextFrame Text 对话框，输入需要放置的文本，单击 OK 按钮，此时光标上粘着需要放置的文本框的虚线框，移动光标到合适位置，单击鼠标左键确定文本框的左上角，再向右下移动光标到合适位置，单击鼠标左键确定文本框的右下角，即完成了文本框的放置。

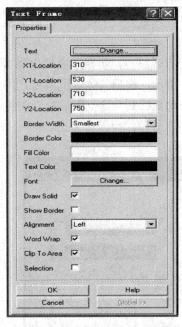

图 2-28　文本框属性设置对话框

图 2-29　输入文本

此时系统仍然处于"放置文本框"的命令状态，可继续重复以上操作，也可单击鼠标右键或按 Esc 键退出。

7. 绘制实心矩形

单击绘图工具栏(Drawing Tools)上的绘制实心矩形按钮 ▭，此时光标变成十字形且粘着上次绘制的实心矩形，移动光标到合适位置，单击鼠标左键确定实心矩形的左上角，再向右下移动光标到合适位置，单击鼠标左键确定实心矩形的右下角，即完成了一个实心矩形的绘制。

此时系统仍然处于"绘制实心矩形"的命令状态，可继续重复以上操作，也可单击鼠标右键或按 Esc 键退出。

画完实心矩形后如需对其形状、大小进行修改，可单击实心矩形，实心矩形的边框出现 8 个灰色小方形的可控点，如图 2-30 所示，根据具体情况需要，用鼠标拖动其中的 1 个可控点，同时观察实心矩形形状的变化，移动鼠标到合适位置后松开左键确定该可控点新的位置，实心矩形的形状即随之改变。如此可多次修改，直至满意为止。

画完实心矩形后可对其属性进行修改，如图 2-31 所示。

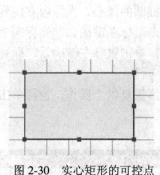

图 2-30 实心矩形的可控点

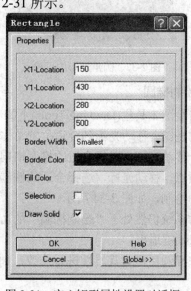

图 2-31 实心矩形属性设置对话框

8. 绘制圆角矩形

单击绘图工具栏(Drawing Tools)上的绘制圆角矩形按钮 ▢，此时光标变成十字形且粘着上次绘制的圆角矩形，移动光标到合适位置，单击鼠标左键确定圆角矩形的左上角，再向右下移动光标到合适位置，单击鼠标左键确定圆角矩形的右下角，即完成了一个圆角矩形的绘制。

此时系统仍然处于"绘制圆角矩形"的命令状态，可继续重复以上操作，也可单击鼠标右键或按 Esc 键退出。

画完圆角矩形后如需对其形状、大小进行修改，可单击圆角矩形，圆角矩形的边框出现 10 个灰色小方形的可控点，如图 2-32 所示，根据具体情况需要，用鼠标拖动其中的 1 个可控点，同时观察圆角矩形形状的变化，移动鼠标到合适位置后松开左键确定该可控点新的位置，圆角矩形的形状即随之改变。如此可多次修改，直至满意为止。

画完圆角矩形后可对其属性进行修改，如图 2-33 所示。

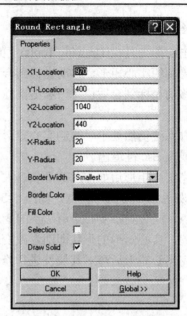

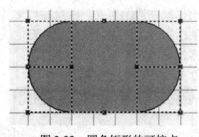

图 2-32　圆角矩形的可控点　　　　　　　图 2-33　圆角矩形属性设置对话框

9. 绘制椭圆

单击绘图工具栏(Drawing Tools)上的绘制椭圆按钮 ，此时光标变成十字形且粘着上次绘制的椭圆，移动光标到合适位置单击鼠标左键确定椭圆的圆心。光标向右跳到椭圆横向顶点，移动光标，选择合适的椭圆横向半径长度，单击鼠标左键确认。光标向上跳到椭圆纵向顶点，移动光标，选择合适的椭圆纵向半径长度，单击鼠标左键确认，即完成了一个椭圆的绘制，如图 2-34 所示。

此时系统仍然处于"绘制椭圆"的命令状态，可继续重复以上操作，也可单击鼠标右键或按 Esc 键退出。

画完椭圆后可对其属性进行修改，如图 2-35 所示。

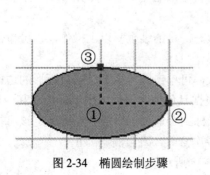

图 2-34　椭圆绘制步骤　　　　　　　　图 2-35　椭圆属性设置对话框

10. 绘制圆饼

单击绘图工具栏(Drawing Tools)上的绘制圆饼按钮 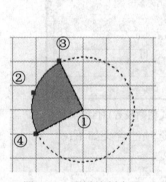，此时光标变成十字形且粘着上次绘制的圆饼，移动光标到合适位置单击鼠标左键确定圆饼的圆心。光标跳到圆饼的圆周点上，移动光标，选择合适的圆饼半径长度，单击鼠标左键确认。光标跳到圆饼的一条半径边上，移动光标到适当的位置，单击鼠标左键确认圆饼的起始角度。光标跳到圆饼的另一条半径边上，移动光标到沿圆饼逆时针适当的位置，单击鼠标左键确认圆饼的终止角度。此时完成了一个圆饼的绘制。如图 2-36 所示。

此时系统仍然处于"绘制圆饼"的命令状态，可继续重复以上操作，也可单击鼠标右键或按 Esc 键退出。

画完圆饼后可对其属性进行修改，如图 2-37 所示。

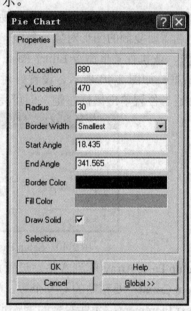

图 2-36　圆饼绘制步骤　　　　图 2-37　圆饼属性设置对话框

11. 粘贴图片

电脑桌面的图片系统一般是默认存在 C:\WINDOWS\Web\Wallpaper 文件夹下，选一个图片粘贴到绘图区域的空白处，具体的操作方法如下：

单击绘图工具栏(Drawing Tools)上的粘贴图片按钮 [图]，弹出 Image File 对话框，找到要粘贴的图片，如图 2-38 所示，单击打开按钮，此时光标变成十字形且粘着图片，移动光标到合适位置，单击鼠标左键确定图片的左上角，再向右下移动光标到合适位置，单击鼠标左键确定图片的右下角，即完成了一张图片的粘贴。

此时系统又弹出了 Image File 对话框，可继续重复以上操作粘贴其他图片，也可单击 Image File 对话框的取消按钮退出。

完成图片粘贴后如需对其大小进行修改，可单击图片，图片的边框出现 8 个灰色小方形的可控点，如图 2-39 所示，根据具体情况需要，用鼠标沿对角线拖动其 4 个顶点中的 1 个可控点同时观察图片大小的变化，移动鼠标到合适位置后松开左键确定该可控点新的位置，图片的大小即随之改变。如此可多次修改，直至满意为止。

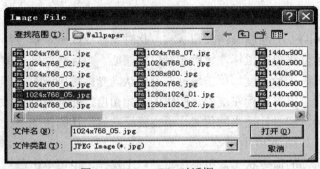

图 2-38　Image File 对话框　　　　　　　　　　　图 2-39　图片的可控点

12. 阵列粘贴

阵列粘贴可以完成同时粘贴多次剪贴板内容的操作。

先选需要复制的图形对象，复制，然后单击绘图工具栏(Drawing Tools)中的阵列粘贴按钮 ，或执行菜单命令 Edit | Paste Array...，系统弹出 Setup Paste Array(阵列式粘贴设置)对话框，如图 2-40 所示。设置好对话框的参数后，单击 OK 按钮，此时光标变成十字形，在适当位置单击鼠标左键，即可完成粘贴。

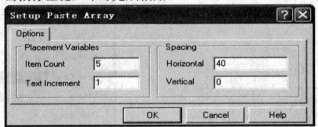

图 2-40　Setup Paste Array(阵列式粘贴设置)对话框

Setup Paste Array(阵列式粘贴设置)对话框中各选项的含义如下：

Item Count：要粘贴的对象个数。

Text Increment：元件标号的增长步长。

Horizontal：粘贴对象的水平间距。

Vertical：粘贴对象的垂直间距。

图 2-41 所示为对象阵列式粘贴的操作过程，其参数设置如下：

Item Count：5　　(粘贴 5 个)

Text：1　　　　　(元件标号的增长步长为 1)

Horizontal：40　　(粘贴对象的水平间距为 40)

Vertical：0　　　(粘贴对象的垂直间距为 0)

(a) 复制 R1　　　　　　　　(b) 阵列式粘贴的结果

图 2-41　对象阵列式粘贴的操作过程

任务四   +5 V 直流稳压电源整机电路原理图的绘制

一、原理图布局规则

1. 绘制原理图的一般规则

(1) 元器件图形符号或单元电路的布局，要疏密得当、顺序合理。应保持图面紧凑、清晰；整个图面应由左到右、由上到下排列各种元器件及单元电路，一般单元电路的输入部分应排在左边，向右依次是功能部分和输出部分。

(2) 元器件图形符号的排列方向应与图纸底边平行或垂直，尽量避免倾斜排列。

(3) 在电路中，共同完成同一任务的一组元件，不论实际电路中是否在一起，在图上都可以画在一起。

(4) 为了清晰明了，允许将某些元器件的图形符号分开绘在多个位置，该元件标号相同但各单元的单元号不同。

(5) 各种图形符号要有一定比例，同一图上的共同图形符号尺寸大小要一致。需要说明波形变化时，允许在图上标出波形形状和特征数据。

2. 原理图中元件常用字母代码

参照 GB5094—1985、GB7159—1987 并兼顾当前国内外的惯例，规定原理图中元件常用字母代码，如表 2-4 所示。

表 2-4   原理图中元件常用字母代码

代码	项目种类	举例
A	组、部件	射频盒、光模块等
B	电声器件	蜂鸣器、耳机、话筒等
C	电容	电解电容、钽电容、片状电容、涤纶电容
D	二极管	整流二极管、稳压二极管
LED	发光二极管	发光二极管
F	保护器件	保险管、限流保护器件、限压保护器、熔断器等
J	接插件	各种连接器、插针、插座
K	继电器	电磁继电器、固态继电器
L	电感	贴片电感器、磁珠、绕线电感器
Q	三极管	三极管、场效应管、可控硅、晶闸管
R	电阻	片状电阻、各类膜电阻、线绕电阻、功率电阻
RT	热敏电阻	热敏电阻
RV	压敏电阻	压敏电阻

续表

代码	项目种类	举　　　例
RP	电位器	电位器、可变电阻
RN	电阻排	独立式电阻排、并联式电阻排
S	开关	按钮、拨动开关、微动开关、轻触开关、拨码开关
T	变压器	电源变压器、其他类型变压器
U	集成电路	模拟/数字 IC、光耦、其他类型 IC
X	晶体振荡器	晶体、晶振
TP	测试点	测试点

3. 原理图布局规范

在原理图的绘制过程中，为了图纸的标准化和可视性、易读性，在整图的布局上需遵循一定的规范，做到信号流向顺畅，布局匀称，功能单元电路布局清晰。

(1) 整体布局。按照信号的流向，整体布局时，可分为水平布局和垂直布局。水平布局时，类似的对象应纵向对齐，并且在同一或类似的信号流上的对象应尽可能地放置在同一水平线上。垂直布局时，类似的对象应横向对齐，如图 2-42 所示。

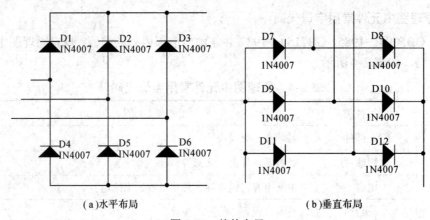

（a）水平布局　　　　　　　　　　　　　　　（b）垂直布局

图 2-42　整体布局

(2) 功能布局法。布局时，优先考虑功能布局法，即功能相关联的对象类或功能单元电路应靠近绘制，以使电路关系表达清晰明了，并且各个功能组之间应留有一定的分隔区间，以便于识别组间连线上的网络名以及放置功能注释文字。

(3) 对称布局法。对于同等重要的并联支路或功能相同的单元电路应依照电路对称布置，使图的可分析性增强，原理关系清晰明了。

(4) 按信号流向布局。对于信号的输入、输出的连接端口，在布局时，应按照信号的流向，输入放置在页面的左端，输出放置在页面的右端，并且应上下对齐，均匀排布，集中放置在一侧，这些端口一般不允许放置在页面中间，如果必须放置在中间，也应集中排列。垂直布局时，根据具体情况，输入可放置在上方或下方，输出放置在下方或上方。

(5) 注释。对于电路中的注释如文字，在电路布局时应考虑其放置的位置，对特殊器件或功能单元电路的注释应放在靠近它的地方，对整个电路的注释可放置在页面的空白处。

(6) 器件放置。在原理图中，器件的放置一般只有两种方式，即竖直和水平，一般不允许将器件放置成不规则的状态。器件之间的摆放要均匀、不拥挤，能对齐的引脚尽量对齐。

(7) 虚线框的应用。当原理图中的若干个功能单元电路在布局时，如果不是区分得特别明显，可以用虚线框加以划分，虚线框可以是规则的，也可以是不规则的。在采用线框时，应注意包络框线不能和元器件图形符号、序号、参数等属性相交。

(8) 集成运放和通用集成逻辑电路放置方法。在原理图中，对于集成运放和通用集成逻辑电路，一般宜按照电路功能将每个单元分开放置，便于对电路的理解和分析，也符合电路功能单元集中布局的规则。

(9) 总线的使用。在数字电路中，总线结构应用总线方式连接电路关系，能用线连接的也尽量用线连接，而不要依靠网络标号；当连线跨度太大时，应用网络标号来连接。这样所绘制的原理图信号流向清晰明了，便于分析。

(10) 未用引脚的处理。对于集成电路，在原理图中未用或悬空的引脚，应用未连接符号加以标注。逻辑单元中，未使用但在实际中为确保电路性能的稳定性和抗干扰性而引脚接地或电源的标准逻辑单元需在原理图中体现出来。

二、+5 V 直流稳压电源整机电路原理图的元件布局与连线

+5 V 直流稳压电源整机电路原理图的所有元件都可在默认库 Miscellaneous Devices.lib 中找到，具体如表 2-5 中"库元件名"所示。

表 2-5　+5 V 直流稳压电源整机电路原理图元件

元件类型	库元件名	元件标号	元件参数
变压器	TRANSFER	T1	~220 V/~9 V
稳压器	VOLTREG	U1	7805
二极管	DIODE	D1	1N4007
二极管	DIODE	D2	1N4007
二极管	DIODE	D3	1N4007
二极管	DIODE	D4	1N4007
电解电容	ELECTRO1	C1	470μF
无极性电容	CAP	C2	0.1μF
无极性电容	CAP	C3	0.1μF
电解电容	ELECTRO1	C4	220μF
两端连接器	CON2	J1	~220V
两端连接器	CON2	J2	+5 V

元件布局整体上应注意对称，布局的间隙应方便序号、参数等文字标注能清晰地布置，同类元件及文字标注都要水平对齐或垂直对齐。整机电路原理图如图 2-43 所示。

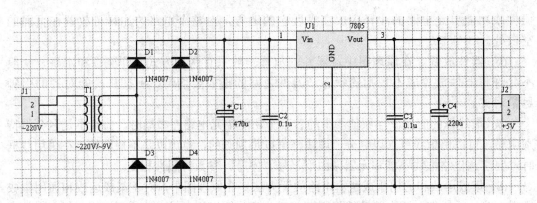

图 2-43　+5 V 直流稳压电源整机电路原理图

练　习

1. 新建一个设计数据库文件"姓名.ddb",在文件夹"Document"中创建名为"1.Sch"的原理图文件,并启动原理图设计编辑器,设置图纸大小为 A4,采用大十字光标。

2. 在原理图设计编辑器绘图区域内放置默认元件库中你认识的全部元件。

3. 在原理图设计编辑器绘图区域内用绘图工具栏的所有工具绘制各种基础图形,如五角星、正六边形、正方形、三角波、方波、正弦波、椭圆弧线、整圆、半椭圆、半圆、文字标注、文本框、实心矩形、圆角矩形、实心椭圆、实心圆、圆饼、粘贴图片、阵列粘贴,并综合创作、设计各种实用图案。

4. 绘制图 2-43 所示 +5 V 直流稳压电源整机电路原理图,并将其中的 C2 的参数改为 0.33 μF。

项目三 波形发生器层次原理图的设计

学习目标：

(1) 熟悉原理图元件库的加载。

(2) 了解层次原理图的结构。

(3) 掌握层次原理图的设计方法。

(4) 掌握报表文件的生成。

任务一 加载原理图元件库

绘制原理图最重要的是放置元件符号。Protel 99 SE 原理图的元件符号都分门别类地存放在不同的原理图元件库中。

一、原理图元件库

原理图元件库的扩展名是 .ddb，它可以包含一个或几个具体的原理图元件库，这些包含在 *.ddb 文件中的具体原理图元件库的扩展名是.lib。

在这些具体的原理图元件库中，存放不同类别的元件符号。例如，原理图元件库 Protel DOS Schematic Libraries.ddb 中的 Protel DOS Schematic 4000 CMOS.lib 存放的是 4000 CMOS 系列的集成电路符号，Protel DOS Schematic TTL.lib 存放的是 TTL74 系列的集成电路符号。

原理图元件库文件在系统中的存放路径是 C:\Program Files\Design Explorer 99 SE\Library\Sch。

二、加载原理图元件库的步骤

要在原理图编辑器中使用原理图元件库，首先要将原理图元件库加载到编辑器中。一般只载入必要且常用的原理图元件库，而其他原理图元件库等需要时再载入，装载原理图元件库的步骤如下：

(1) 打开(或新建)一个原理图文件。

(2) 在 Design Explore 管理器中选择 Browse Sch 选项卡，如图 2-6 所示。

(3) 在 Browse 下面的下拉列表框中选择 Libraries。

(4) 单击 Add/Remove...按钮，弹出 Change Library File List(加载或移出元件库)对话框，如图 3-1 所示。

(5) 在存放原理图元件库的路径 C:\Program Files\Design Explorer 99 SE\Library\Sch 下，选

择所需元件库文件名，单击 Add 按钮，则所选元件库文件名出现在 Selected Files:显示框内。

（6）重复上述操作，可加载多个元件库，最后单击 OK 按钮，加载完毕。

图 3-2 显示的是加载了原理图元件库 Miscellaneous Devices.ddb、Protel DOS Schematic Libraries.ddb 后的 Browse Sch 选项卡的情况。

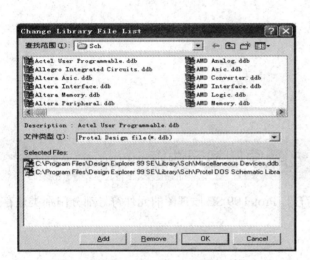

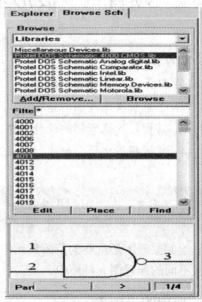

图 3-1　Change Library File List 对话框　　　　图 3-2　加载后的 Browse Sch 选项卡

若想从原理图编辑器中移除原理图元件库，仍要在图 3-2 的 Browse Sch 选项卡中单击 Add/Remove...按钮，进入如图 3-1 所示的对话框，在 Selected Files:显示框中选中文件名，单击 Remove 按钮即可。

三、原理图元件库加载不了的解决方法

在 Win7、Win8 等系统中使用 Protel 99 SE 时，会发现按上述方法加载不了原理图元件库。想要调用相应原理图元件库中的元件，可在同一 Protel 99 SE 界面下用主工具栏的打开按钮打开相应的原理图元件库，就等于为原理图编辑器加载了该原理图元件库，在其中找到相应的原理图元件放置到原理图中就可以了。

四、在 Protel 99 SE 界面下打开软件自带的原理图元件库

以打开 C:\Program Files\Design Explorer 99 SE\Library\Sch\Protel DOS Schematic Libraries.ddb 为例，介绍在 Protel 99 SE 界面下打开软件自带的原理图元件库的方法。

在 Protel 99 SE 界面下单击主工具栏的 ⏏(打开)按钮，弹出 Open Design Database 对话框，如图 3-3 所示，找到并单击选中 Protel DOS Schematic Libraries.ddb，再单击打开按钮。Protel DOS Schematic Libraries.ddb 中有 14 个原理图元件库，如图 3-4 所示。单击管理器 Explorer 下相应的原理图元件库文件名即可将其打开。图 3-5 的界面是打开的 Protel DOS Schematic Operational Amplifiers.lib，并找到元件 LM324，单击 Place 按钮就可将元件 LM324 放到原理图中。

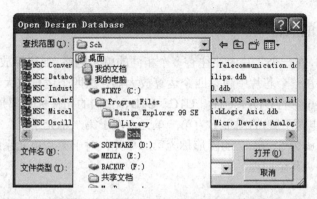

图 3-3　Open Design Database 对话框

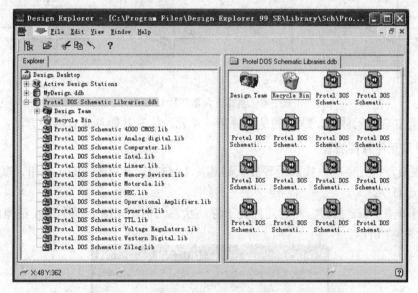

图 3-4　Protel DOS Schematic Libraries.ddb 的 14 个原理图元件库

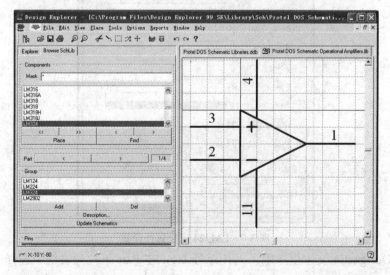

图 3-5　Protel DOS Schematic Operational Amplifiers.lib 中的元件 LM324

五、复合式元件的放置

对于集成电路，在一个芯片中往往有多个相同的单元电路。如运算放大器芯片 **LM324**，它有 14 个引脚，在一个芯片中包含四个运算放大器。这四个运算放大器的功能相同，引脚号不同，如图 3-6 中的 U1A、U1B、U1C、U1D，它们的元件标号都是 U1，其中引脚为 1、2、3(4、11 为电源引脚)的图形称为第一单元，对于第一单元系统，会在元件标号的后面自动加上 A；引脚为 5、6、7 的图形称为第二单元，对于第二单元系统，会在元件标号的后面自动加上 B，其余同理。

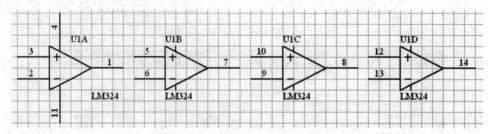

图 3-6　运算放大器芯片 LM324

在放置复合式元件时，默认的是放置第一单元，放置其他单元有两种方法：

1. 利用元件属性放置

(1) 在原理图元件库中找到运算放大器芯片 LM324，并单击 Place 按钮，默认的是放置第一单元 U1A。

(2) 再单击 Place 按钮，此时元件处于浮动状态，粘在光标上，按 **Tab** 键弹出 **Part** 对话框，如图 3-7 所示。

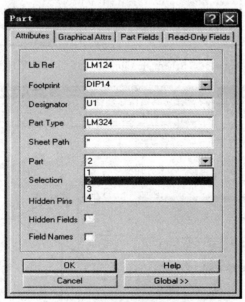

图 3-7　LM324 元件属性设置

(3) 在 Designator 文本框中输入元件标号 U1，在 Part 下拉列表框中选择 2，如图 3-7 所示，单击 OK 按钮。

(4) 单击鼠标左键放置该元件，则放置的是 LM324 中的第二个单元，如图 3-6 中的 U1B，元件标号 U1B 中的 B 表示第二个单元，是系统自动加上的。以此类推，可以放置第三、第四个单元 U1C、U1D。

2. 利用 Increment Part Number 菜单命令放置

在原理图元件库中找到运算放大器芯片 LM324，并单击 Place 按钮，默认放置的是第一单元 U1A。执行菜单命令 Edit | Increment Part Number，光标变成十字形，然后单击已放置的第一单元 U1A 的元件体，则该元件的单元编号将随着单击鼠标左键的次数增加不断地循环变化，即在 U1A、U1B、U1C 和 U1D 之间循环，需要哪一个单元编号，就在哪一个单元编号出现后停止单击鼠标左键，然后单击鼠标右键退出。

任务二　信号发生器层次原理图的设计

对于比较复杂的原理图，一张电路图纸无法完成设计，需要多张原理图。Protel 99 SE 提供了将复杂原理图分解为多张原理图的设计方法，这就是层次原理图设计方法。

一、层次原理图结构

层次原理图是将一个大的电路分成几个功能块，再对每个功能块里的电路进行细分，还可以再建立下一层模块，如此下去，形成树状结构。

层次原理图主要包括两大部分：主电路图和子电路图。其中，主电路图与子电路图的关系是父电路与子电路的关系，在子电路图中仍可包含下一级子电路。

层次原理图的结构与操作系统的文件目录结构相似，选择设计管理器的 Explorer 选项卡，可以观察到层次图的结构。图 3-8 所示为一个信号发生器电路的层次原理图结构，图 3-9 所示为该层次原理图的主电路图。在一个项目中，处于最上方的为主电路图，一个项目只有一个主电路图，扩展名为.prj，即为项目文件。在主电路图下方所有的电路均为子电路图，扩展名为.Sch，图中有 3 个一级子电路图，分别为 CLK.Sch(方波形成电路，如图 3-10 所示)，TRI.Sch(三角波形成电路，如图 3-11 所示)，SIN.Sch(正弦波形成电路，如图 3-12 所示)。

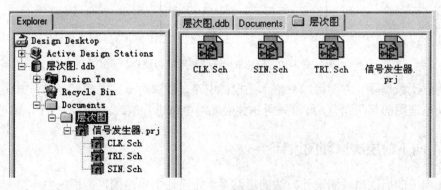

图 3-8　层次原理图结构

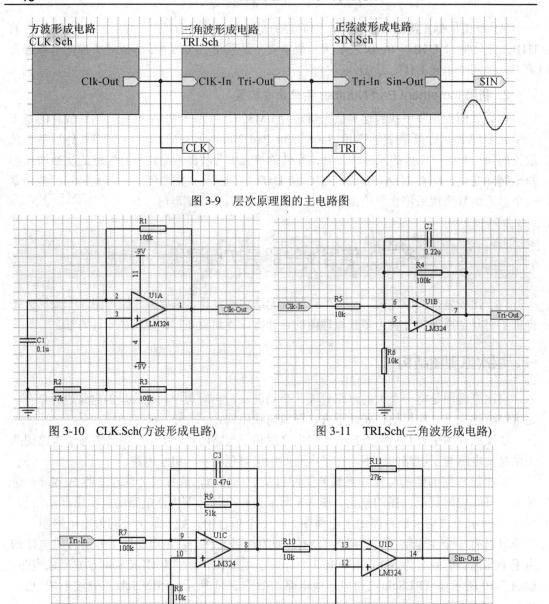

图 3-9　层次原理图的主电路图

图 3-10　CLK.Sch(方波形成电路)　　　　图 3-11　TRI.Sch(三角波形成电路)

图 3-12　SIN.Sch(正弦波形成电路)

　　利用层次原理图一方面可以从整体上把握电路，加深对电路的理解；另一方面，如果需要改动原理图的某些细节，可以只对相关的底层电路进行修改，不影响整个电路的结构。

二、自上向下的层次原理图设计

　　自上向下的层次原理图设计方法的思路是，先设计主电路图，再根据主电路图设计子电路图。下面以信号发生器电路为例，介绍设计方法。

1. 建立主电路图

打开一个设计数据库文件，在系统所带的文件夹 Documents 内，执行菜单命令 File | New...，系统弹出 New Document 对话框，选择 Schematic Document 图标，单击 OK 按钮，将该文件的名字改为"信号发生器电路.prj"，并作为主电路图，双击该文件进入原理图编辑状态。

2. 设计层次原理图的主电路图

(1) 绘制方块电路图。打开"信号发生器电路.prj"文件后，单击导线工具栏(Wiring Tools) 中的 图标或执行菜单命令 Place | Sheet Symbol，光标变成十字形，且光标上带着一个上次绘制的方块图，按 Tab 键，系统弹出 Sheet Symbol 对话框，如图 3-13 所示。

Sheet Symbol 对话框中有关选项的含义如下：

Filename：该方块图所代表的子电路图文件名，如 CLK.Sch。

Name：该方块图所代表的模块名称。此模块名应与 Filename 中的子电路图文件名相对应，如方波形成电路。

设置好后，单击 OK 按钮确认，此时光标仍为十字形，在适当的位置单击鼠标左键确定方块图的左上角，向右下方向移动光标，当方块图的大小合适时，单击鼠标左键确定方块图的右下角，一个方块图的位置和大小就确定了，如图 3-14 所示。

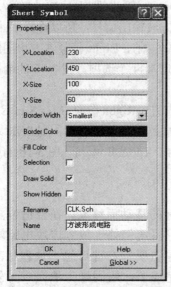

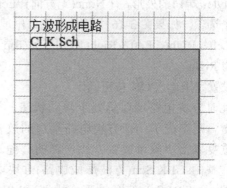

图 3-13 Sheet Symbol 对话框   图 3-14 方波形成电路的方块图

此时鼠标仍处于放置方块图状态，可重复以上步骤继续放置，单击鼠标右键退出放置状态。

(2) 放置方块电路端口。单击导线工具栏(Wiring Tools)中的 图标，或执行菜单命令 Place | Add Sheet Entry，光标变成十字形。将十字光标移到方块图上单击鼠标左键，出现一个浮动的方块电路端口，此端口随光标的移动而移动，此端口必须在方块图上放置，如图 3-15 所示。

按 Tab 键，系统弹出 Sheet Entry 对话框，如图 3-16 所示。

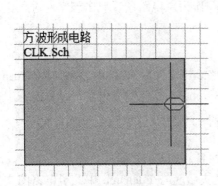

图 3-15　浮动的方块电路端口图形　　　　　图 3-16　Sheet Entry 对话框

Sheet Entry 对话框中有关选项的含义如下：

Name：方块电路端口名称，如 Clk-Out。

I/O Type：端口的电气类型。单击图 3-16 中 I/O Type 下拉按钮，出现端口电气类型列表，分为 Unspecified(不指定端口的电气类型)、Output(输出端口)、Input(输入端口)、Bidirectional(双向端口)4 个选项。本例中 Clk-Out 为方波输出信号，所以选择 Output。

Side：端口的停靠方向，有 Left(停靠在方块图的左端)、Right(停靠在方块图的右端)、Top(停靠在方块图的顶端)、Bottom(停靠在方块图的底端)4 个选项。图 3-16 的端口停靠方向设置为 Right。

Style：端口的外形，有 None(无方向)、Left(指向左方)、Right(指向右方)、Left＆Right(双向)4 个选项。如果图 3-16 中浮动的端口出现在方块电路的顶端或底端，则 Style 端口外形中的 Left、Right、Left＆Right 分别变为 Top、Bottom、Top＆Bottom。图 3-16 的端口外形设置为 Right。

设置完毕单击 OK 按钮确定。

此时方块电路端口仍处于浮动状态，并随光标的移动而移动，在合适位置单击鼠标左键，则完成了一个方块电路端口的放置。此时系统仍处于放置方块电路端口的状态，重复以上步骤可放置方块电路的其他端口，单击鼠标右键可退出放置状态。这样一个完整的 CLK.Sch(方波形成电路)方块电路就完成了，用同样方法完成另外两个方块电路——TRI.Sch(三角波形成电路)和 SIN.Sch(正弦波形成电路)。

(3) 电气连接各方块电路。在所有的方块电路及端口都放置好以后，用导线(Wire)连接成如图 3-9 所示的层次原理图的主电路图。

(4) 绘制图形标注。用绘图工具栏中的相关工具完成方波、三角波、正弦波图形标注的绘制。

3. 设计子电路图

(1) 生成子电路图。子电路图是根据主电路图中的方块电路，利用有关命令自动建立的，不能用建立新文件的方法建立。下面以生成 CLK.Sch(方波形成电路)子电路图为例进行讲解。

在主电路图中执行菜单命令 Design | Create Sheet From Symbol，光标变成十字形。将十字光标移到名为 CLK.Sch(方波形成电路)的方块电路上，单击鼠标左键，系统弹出 Confirm 提示框，如图 3-17 所示，要求用户确认端口的输入/输出方向。如果选择 Yes，则所产生的子电路图中的 I/O 端口方向与主电路图方块电路中端口的方向相反，即输入变成输出，输出变成输入。如果选择 No，则端口方向不反向。这里选择 No。

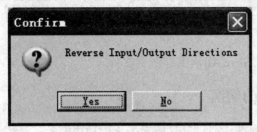

图 3-17 Confirm 提示框

单击 No 按钮后，系统自动生成名为 CLK.Sch 的子电路图，且自动切换到 CLK.Sch 子电路图，如图 3-18 所示。

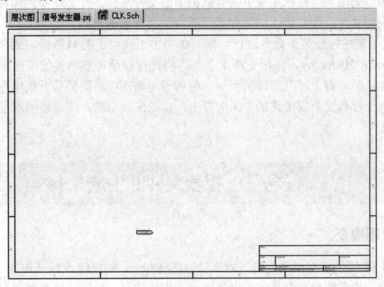

图 3-18 自动生成的 CLK.Sch 子电路图

从图中可以看出，子电路图中包含了 CLK.Sch(方波形成电路)方块电路中的端口，无需自己再单独放置 I/O 端口。重复以上步骤，生成另外两个方块电路 TRI.Sch(三角波形成电路)和 SIN.Sch(正弦波形成电路)所对应的子电路图。

(2) 补充完成子电路图的绘制。在已生成的子电路图中补充绘制所对应的子电路图的内部电路，如图 3-10～图 3-12 所示。

LM324 在 Protel DOS Schematic Libraries.ddb 中的 Protel DOS Schematic Operational Amplifiers.lib 中。同一个 LM324 芯片内部有 4 个相同的单元，因此元件属性中的元件标号均为 U1，单元号分别为 1、2、3、4，显示出来的总体序号为 U1A、U1B、U1C、U1D，如图 3-10～图 3-12 所示。

4. 设置图纸编号

执行菜单命令 Design | Options...，在弹出的对话框中选中 Organization 选项卡，可以填写图纸信息。在图 2-4 所示 Sheet 栏的 No. (编号)中设置图纸编号，Total(图纸总数)中设置主电路图和子电路图的总数，本例中依次将主电路图(信号发生器电路)和子电路图 CLK.Sch(方波形成电路)、TRI.Sch(三角波形成电路)和 SIN.Sch(正弦波形成电路)编号为 1、2、3、4，图纸总数设置为 4。如果没有设置图纸编号，则在进行电气规则检查(ERC)时会出现错误。

5. 保存所有文件

执行菜单命令 File | Save All，保存所有文件。

三、不同层次原理图的切换

在编辑或查看层次原理图时，有时需要从主电路图的某一方块图直接转到该方块图所对应的子电路图，或者反之。切换的方法主要有两种。

(1) 直接利用设计管理器进行切换。利用设计管理器，在图 3-8 所示信号发生器电路的层次原理图结构中，用鼠标左键单击导航树中的文件名或文件名前面的图标，可以很方便地打开相应的文件，在右边工作区中显示该打开文件的原理图。

(2) 利用导航按钮或菜单命令进行切换。单击主工具栏上的 ⬍ 图标，或执行菜单命令 Tools | Up/Down Hierarchy，光标变成十字形。将光标移至需要切换的子电路图符号上，单击鼠标左键，即可将上层电路切换至下一层的子电路图；若需要从下层电路切换至上层电路，则是将光标移至下层电路的 I/O 端口上，单击鼠标左键，即可将下层子电路切换至上层的电路图中。

任务三　报表文件的生成

一、电气规则检查

Protel 99 SE 提供了对电路的电气规则检查(Electronic Rule Check，ERC)，是利用软件测试用户设计的原理图，检查其中的电气连接和引脚信息，以便能够查找明显的错误。执行 ERC 检查后，将生成错误报告并且在原理图中标识错误，以便用户分析和修正错误。

1. 电气规则检查(ERC)的步骤

执行菜单命令 Tools | ERC...，系统弹出 Setup Electrical Rule Check(ERC 设置)对话框，一般选择默认设置。单击 OK 按钮，进行 ERC 检查。

2. 电气规则检查结果

输出相关的错误报告，即*.ERC 文件，主文件名与原理图相同，扩展名为 .ERC，同时在原理图的相应位置显示错误标记。

图 3-19 所示是对该电路利用默认设置进行 ERC 检测的结果。其中电源 +9 V 和接地 GND 因不与任何电路相连，经 ERC 检查后，显示错误标志；另外，在重复的标号 R1 上

放置错误标志，提示出错。同时自动产生并打开一个检测报告，如图 3-20 所示。

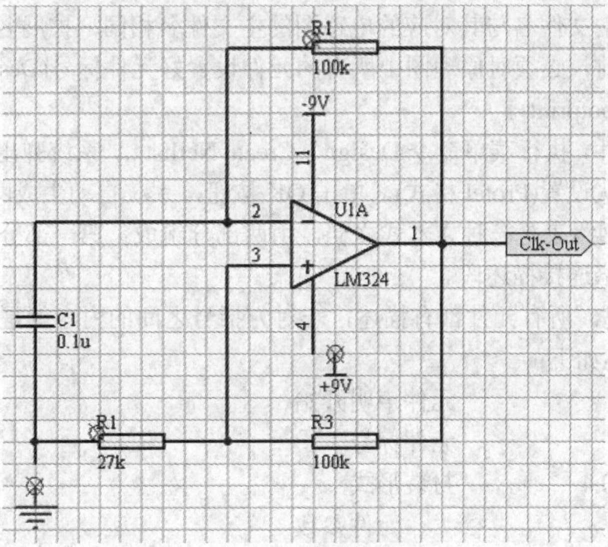

图 3-19 ERC 指示错误

图 3-20 中有 9 个错误报告：第 1～6 个错误是由于各层次原理图没有给出总图数及相应的图号；第 7 个错误是 CLK.Sch 中有重复的标号，坐标(499，514)的 R1 与坐标(399，334)的 R1 标号重复；第 8 个错误是 CLK.Sch 中电源 +9 V 未与任何电路连接；第 9 个错误是 CLK.Sch 中接地 GND 未与任何电路连接。

按照 ERC 检测报告给出的错误情况修改原理图，再次进行 ERC 检测，错误消失。

```
Error Report For : Documents\层次图\信号发生器.prj   1-Nov-2016   12:09:39

#1 Error    Duplicate Sheet Numbers 0 信号发生器.prj And CLK.Sch
#2 Error    Duplicate Sheet Numbers 0 信号发生器.prj And TRI.Sch
#3 Error    Duplicate Sheet Numbers 0 信号发生器.prj And SIN.Sch
#4 Error    Duplicate Sheet Numbers 0 CLK.Sch And TRI.Sch
#5 Error    Duplicate Sheet Numbers 0 CLK.Sch And SIN.Sch
#6 Error    Duplicate Sheet Numbers 0 TRI.Sch And SIN.Sch
#7 Error    Duplicate Designators CLK.Sch R1 At (499,514) And CLK.Sch R1 At (399,334)
#8 Warning   Unconnected Power Object On Net +9V
   CLK.Sch +9V

#9 Warning   Unconnected Power Object On Net GND
   CLK.Sch GND

End Report
```

图 3-20 ERC 检测报告文件

注意：电气规则检查(ERC)对有些错误是查不出来的，如电路原理已经画错但有电路连接，因此必须对原理图的绘制高度负责。

二、网络表

设计原理图的最终目的是进行 PCB 设计，网络表在原理图和 PCB 之间起到一个桥梁作用。网络表文件是一张原理图中全部元件和电气连接关系的列表，它包含原理图中的元件综合信息，包括元件的序号、封装、参数及元件间的网络关系、引脚连接信息等，是电路板自动布线的灵魂。

网络表文件的主文件名与其对应的电路图的主文件名相同，扩展名为 .NET。

在生成网络表前，必须对原理图中所有的元件设置好元件标号(Designator)、参数(Part Type)和封装形式(Footprint)。

打开原理图文件，执行菜单命令 Design | Create Netlist...，系统弹出 Netlist Creation 对话框，通常采用默认设置(Protel 格式)，单击 OK 按钮，系统自动生成网络表文件。

Protel 格式的网络表是一种文本式文档，由两部分组成：第一部分为元件描述段，第二部分为电路的网络连接描述段。

(1) 元件的描述。所有元件都有描述，一对方括号之间的内容就是一个元件的描述。如某元件 R1 的描述如下：

[	元件声明开始
R1	元件标号
AXIAL0.4	封装形式
100k	元件参数
]	元件声明结束

(2) 网络连接的描述。在网络描述中，所有的网络都被列出，并列出每一条网络连接的所有端点，一对圆括号之间的内容就是一条网络连接的描述。

① 通常电源和地的网络名称(如 VCC、GND)直接为定义好的网络名称。如+9 V 电源网络，其中 U1-4 表示与网络连接的端点是 U1 的引脚 4。

(	网络定义开始
+9 V	电源网络名称
U1-4	网络的端点(U1 的引脚 4)
)	网络定义

② 凡用户没有命名，则系统自动产生一个网络名称。如 NetR5_2 网络，其中 R5_2 表示与网络连接的端点是 R5 的引脚 2，故用 NetR5_2 命名；网络的另一端点 C2-1 是 C2 的引脚 1，该网络共有 4 个端点。

(	网络定义开始
NetR5_2	网络名称
C2-1	此网络的端点
R4-1	此网络的端点
R5-2	此网络的端点
U1-6	此网络的端点
)	网络定义结束

三、元件清单

元件清单主要用于整理和查看当前项目文件或原理图中的所有元件。元件清单中主要包括元件参数、元件封装、元件标号等内容，利用元件清单可以进行有计划的采购。

元件清单文件的主文件名同原理图文件，不同格式的元件清单文件的扩展名不同，一

般以 .xls 为扩展名。

在原理图工作界面中，执行菜单命令 Reports | Bill of Material，系统弹出 BOM Wizard 对话框，进入生成元件清单向导，一般采用默认形式，一路单击 Next 按钮，最后单击 Finish 按钮，系统生成电子表格式的元件清单，并自动将其打开，如图 3-21 所示。

	Part Type	Designator	Footprint			
1	Part Type	Designator	Footprint			
2	0.1u	C1	RAD0.2			
3	0.22u	C2	RAD0.1			
4	0.47u	C3	RAD0.1			
5	10k	R6	AXIAL0.4			
6	10k	R5	AXIAL0.4			
7	10k	R10	AXIAL0.4			
8	10k	R8	AXIAL0.4			
9	27k	R2	AXIAL0.4			
10	27k	R11	AXIAL0.4			
11	51k	R9	AXIAL0.4			
12	100k	R7	AXIAL0.4			
13	100k	R3	AXIAL0.4			
14	100k	R4	AXIAL0.4			
15	100k	R1	AXIAL0.4			
16	LM324	U1	DIP14			
17						

图 3-21 元件清单

任务四 文件的保存与输出

完成电路原理图的设计后，保存原理图文件。在原理图设计的工作界面中进行电路 ERC 检查、生成元件清单等操作后，确认原理图设计文件无错，生成网络表，原理图设计的全部工作完成，最后的工作即保存所有文件和打印输出相关文件。

一、文件的保存

用户可在相关文件窗口中单击主工具栏上的 🔲 按钮来保存当前文件，也可选择菜单命令 File | Save 保存文件。另外，在关闭当前设计数据库文件(.ddb)时，系统也会自动提示是否保存文件。

二、文件的打印输出

在完成原理图设计后，往往需要打印原理图设计文件和相关报表文件。执行菜单命令 File | Setup Printer...或单击主工具栏上的 🖨 按钮，系统弹出 Schematic Printer Setup 对话框，如图 3-22 所示。

Schematic Printer Setup 对话框中各选项的含义如下：

Select Printer 下拉列表框：选择打印机。

Batch Type 下拉列表框：选择准备打印的电路图文件，有 Current Document(当前文档) 和 All Documents(所有文档)两个选项。

Color Mode 下拉列表框：打印颜色设置，有 Color(彩色打印输出)和 Monochrome(单色打印输出)两个选项。

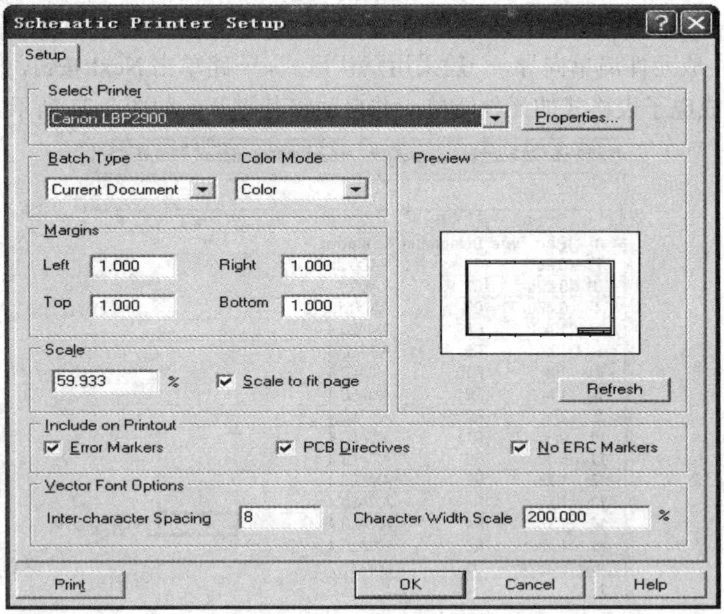

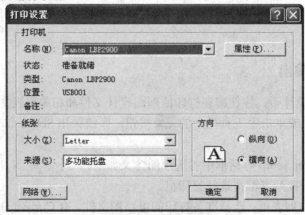

图 3-22　Schematic Printer Setup 对话框

Margins 选项区域：设置页边空白宽度，单位是 Inch(英寸)，共有 4 项页边空白宽度：Left(左)、Right(右)、Top(上)、Bottom(下)。

Scale 选项区域：设置打印比例。尽管打印比例范围很大，但不要将打印比例设置过大，以免原理图被分割打印。Scale to fit page 复选框的功能是"自动充满页面"。若选中此项，则无论原理图的图纸种类是什么，系统都会计算出精确的比例，使原理图的输出自动充满整个页面。若选中 Scale to fit page，则打印比例设置将不起作用。

Preview 选项区域：打印预览。若改变了打印设置，单击 Refresh 按钮，可更新预览结果。

Properties...按钮：单击此按钮，系统弹出打印设置对话框，如图 3-23 所示。在打印设置对话框中，用户可选择打印机，设置打印纸张的大小、来源、方向等。单击属性按钮可对打印机的其他属性进行设置。

图 3-23　打印设置对话框

打印：单击图 3-22 中的 Print 按钮；或单击图 3-22 中 OK 按钮，然后执行菜单命

令 File | Print。

三、将原理图粘贴到 Word 文档中

有时需要把 Protel 99 SE 所画的原理图粘贴到 Word 文档中，具体步骤如下：

(1) 全选需要粘贴的原理图，执行菜单命令 Edit | Copy，用鼠标单击被选中的原理图。

(2) 启动 Word 软件，建立 Word 文件，使用 Word 软件主工具栏中的粘贴按钮将带版框的原理图粘贴到 Word 文件中，如图 3-24 所示。

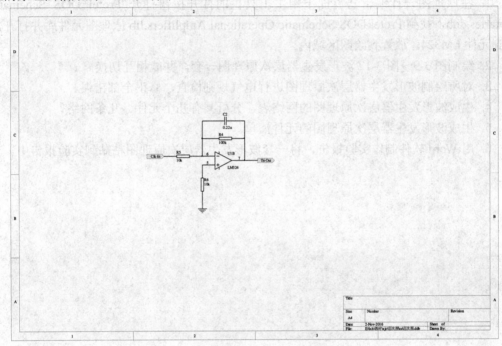

图 3-24　粘贴到 Word 文件中的原理图

(3) 利用 Word 软件的图片工具对带版框的原理图图片进行剪切、放大、选黑白颜色等处理，处理完成的原理图如图 3-25 所示。

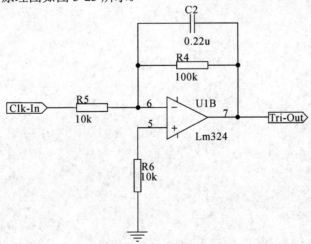

图 3-25　处理后的原理图

　　注意保留 Protel 99 SE 中的原始原理图，因为原理图一旦粘贴到 Word 软件中，在 Word 中各类数据及位置将无法改动。需要改动数据及位置的时候还需要在 Protel 99 SE 中改好后再粘贴到 Word 文档中。

练　　习

　　1. 在原理图设计编辑器界面下用主工具栏的打开按钮打开 Protel DOS Schematic Libraries.ddb，找到 Protel DOS Schematic Operational Amplifiers.lib 原理图元件库并打开，找到元件 LM324，放置到绘图区域内。

　　2. 绘制图 3-9～图 3-12 波形发生器层次原理图一套，并能相互切换。

　　3. 对所绘制波形发生器层次原理图进行电气规则检查，修正全部错误。

　　4. 生成波形发生器层次原理图的网络表，分析共有几个元件、几条网络？

　　5. 生成波形发生器层次原理图的元件清单。

　　6. 用 Word 软件制作实验报告，将一套波形发生器层次原理图粘贴到实验报告中。

项目四　原理图元件的绘制

学习目标：

(1) 创建新的原理图元件库，熟悉原理图元件库编辑器的基本操作。

(2) 熟悉原理图元件库管理器。

(3) 熟练使用原理图元件库的绘图工具创建新的原理图元件。

(4) 熟悉有关元件报表的生成。

在开始绘制电路原理图之前，首先必须加载电路原理图中的元件所在的原理图元件库。尽管 Protel 99 SE 内置的原理图元件库非常齐全，但有时用户还是在现有的原理图元件库中找不到所需要的原理图元件，在这种情况下，就需要自己创建新的原理图元件库和新的原理图元件。Protel 99 SE 提供了一个功能强大而完整的建立原理图元件库的工具程序，即原理图元件库编辑器。

使用原理图元件库编辑器不仅可以创建新的原理图元件库和原理图元件，还可以将现有原理图元件库中的常用原理图元件复制到新的原理图元件库中，设计者可以将他的常用原理图元件都放置到一个原理图元件库里，这样形成的个性化的原理图元件库将给设计工作带来极大的方便。

任务一　原理图元件库编辑器

一、认识原理图元件库管理器工作环境

1. 新建原理图元件库文件

新建原理图元件库文件的扩展名是.Lib。

启动 Protel 99 SE，打开一个设计数据库文件，执行菜单命令 File | New...，系统弹出如图 1-13 所示的 New Document 对话框，选择要创建文件类型的图标，即 Schematic Library Document(原理图元件库文件)，然后单击 OK 按钮。

新建原理图元件库文件的窗口如图 1-14 所示，双击原理图元件库文件 Schlib1.Lib，就可以进入如图 4-1 所示的原理图元件库编辑器。

2. 原理图元件库编辑器主界面

图 4-1 所示的原理图元件库编辑器主界面与原理图编辑器界面相似，菜单项及主工具栏的按钮也基本一致。不同的是，在原理图元件库编辑区的中心有一个十字坐标系，将原理图元件库编辑区划分为四个象限。通常在第四象限靠近坐标原点的位置进行元件的编辑。

在原理图元件库编辑器中，提供了两个重要的绘制元件工具栏，即绘图工具栏和 IEEE 电气符号工具栏。

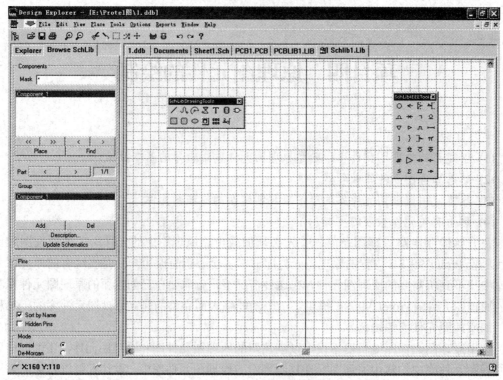

图 4-1　原理图元件库编辑器主界面

3. 工具栏

(1) 主工具栏。主工具栏如图 4-2 所示，主工具栏按钮功能如表 4-1 所示。

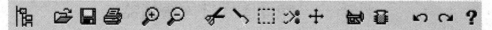

图 4-2　主工具栏

表 4-1　主工具栏按钮功能

按钮	功　能	按钮	功　能	按钮	功　能
	设计管理器开关		剪切选中对象		IEEE 工具栏开关
	打开		粘贴		撤销上次操作
	保存		选中区域内的对象		恢复上次操作
	打印		取消选中状态		激活帮助
	画面放大		移动选中对象		
	画面缩小		绘图工具栏开关		

(2) 绘图工具栏。单击主工具栏上的■按钮，或执行菜单命令 View｜Toolbars｜Drawing Toolbar，可以打开或关闭绘图工具栏(SchLib Drawing Tools)。原理图元件库绘图工具栏如图 4-3 所示。

图 4-3 原理图元件库绘图工具栏

绘图工具栏中各个按钮的功能如表 4-2 所示。其中，部分按钮的功能可以通过执行菜单 Place 中的相应命令来实现。

表 4-2 绘图工具栏按钮功能

按钮	功 能	按钮	功 能	按钮	功 能
	直线		新建元件		插入图片
	贝塞尔曲线		元件新增单元		阵列粘贴
	椭圆弧		矩形		引脚
	多边形		圆角矩形		
	文字标注		椭圆		

(3) IEEE 电气符号工具栏。Protel 99 SE 提供了 IEEE 电气符号工具栏，用来放置有关的工程符号，单击主工具栏上的 ■ 按钮，或执行菜单命令 View｜Toolbars｜IEEE Toolbar，可以打开或关闭 IEEE 电气符号工具栏(SchLib IEEE Tools)。IEEE 电气符号工具栏的按钮功能如表 4-3 所示。

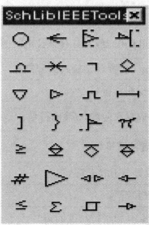

图 4-4 IEEE 电气符号工具栏

表 4-3　IEEE 电气符号工具栏按钮功能

按钮	功　能
○	(Dot)：放置低态触发符号
←	(Right Left Flow)：放置信号左向流动符号
▷	(Clock)：放置上升沿触发时钟脉冲符号
┪	(Active Low Input)：放置低态触发输入信号
⌒	(Analog Signal In)：放置模拟信号输入符号
✳	(Not Logic Connection)：放置无逻辑性连接符号
⌐	(Postponed Output)：放置具有延迟输出特性符号
◇	(Open Collector)：放置集电极开路符号
▽	(HiZ)：放置高阻状态符号
▷	(High Current)：放置具有大输出电流的符号
⊓	(Pulse)：放置脉冲符号
⊢⊣	(Delay)：放置延迟符号
]	(Group Line)：放置多条输入和输出线的组合符号
}	(Group Binary)：放置多位二进制符号
┝	(Active Low Output)：放置输出低有效信号
π	(Pi Symbol)：放置 π 符号
≧	(Greater Equal)：放置≥符号
⌾	(Open Collector Pull Up)：放置具有上拉电阻的集电极开路符号
◇	(Open Emitter)：放置发射极开路符号
◇	(Open Emitter Pull Up)：放置具有下拉电阻的射极开路符号
#	(Digital Signal In)：放置数字输入信号符号
▷	(Inverter)：放置反相器符号
◁▷	(Input Output)：放置双向输入/输出符号
←	(Shift Left)：放置左移符号
≤	(Less Equal)：放置小于等于符号
Σ	(Sigma)：放置求和符号
⊓	(Schmitt)：放置具有施密特功能的符号
→	(Shift Right)：放置右移符号

(4) 调用工具栏。调用工具栏的方法如下：

方法 1：菜单命令 View | Toolbars，选择需要调用的工具栏。

方法 2：在原理图元件库编辑区中单击一下，然后按键盘上的"B"键出现快捷菜单，选择需要调用的工具栏。

二、常用的原理图元件库编辑器的设置

1. 设置工作参数

执行菜单命令 Options | Document Options...，系统弹出 Library Editor Workspace 对话框，如图 4-5 所示。

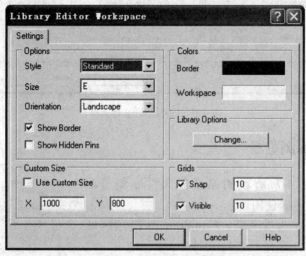

图 4-5　Library Editor Workspace 对话框

在这个对话框中，用户可以设置原理图元件库编辑器界面的式样、大小、方向、颜色等参数。具体设置方法与原理图文件的参数设置类似。

图中的栅格设置经常用到，在 Grids(栅格)选项区域中有两个选项：

Visible：选中时，屏幕显示可视栅格，可视栅格的默认值为 10mil。

Snap：选中时，使用捕捉栅格，即绘制线等图形对象最小只能跳跃式地移动一个栅格，且其活动光标的中心只能跳跃式地移动到栅格的交叉点上，捕捉栅格的默认值为 10mil。在绘制原理图元件时，有时需修改捕捉栅格数，既能保证完美地绘制所需图形，又能保证所绘制原理图元件的引脚端头(电气端点)正好在可视栅格交叉点上，这样绘制出的原理图元件才能在原理图中与其他元件的引脚或导线进行正常电气连接。

2. 设置光标形状

执行菜单命令 Options | Preferences...，弹出如图 4-6 所示的 Preferences 对话框。

在图 4-6 的 Graphical Editing(绘图编辑)选项卡中的 Cursor/Grid Options 选项区域中 Cursor Type(光标样式)选项的下拉列表中选择光标的形状，共有三个选项。

(1) Large Cursor 90：大十字光标。通常是绘图者的首选设置。

(2) Small Cursor 90：小十字光标。系统的默认设置。

(3) Small Cursor 45：小 45° 十字光标。

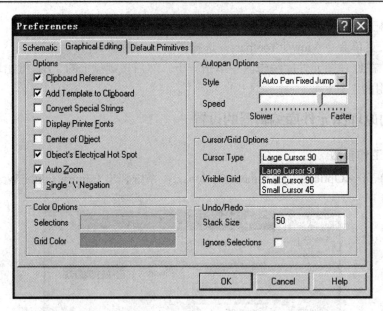

图 4-6　Preferences 对话框

三、原理图元件库浏览器

下面介绍如图 4-7 所示的原理图元件库浏览器 Browse SchLib 选项卡的使用。

(1) Components 选项区域。Components 选项区域的主要功能是查找、选择及使用元件。

Mask 文本框：元件过滤，可以通过设置过滤条件过滤掉不需要显示的元件。在设置过滤条件中，可以使用通配符 "*" 和 "？"。当在文本框中输入 "*" 时，文本框下方的元件列表中显示原理图元件库中的所有元件。

<< 按钮：选择元件库中的第一个元件。单击此按钮，系统在元件列表中自动选择第一个元件，且编辑窗口中同时显示这个元件的图形。

\>\> 按钮：选择元件库中的最后一个元件。

< 按钮：选择元件库中当前元件的上一个元件。

\> 按钮：选择元件库中当前元件的下一个元件。

Place 按钮：将选定的元件放置到打开的原理图文件中。单击此按钮，系统自动切换到已打开的原理图文件，且该元件处于放置状态随光标的移动而移动。

Find 按钮：查找元件。

Part 区域中的 \> 按钮：选择复合式元件的下一个单元。图 4-7 中选择了元件 LM324，Part 区域中显示为 1/4，表示该元件中共有 4 个单元，当前显示的是第一单元。单

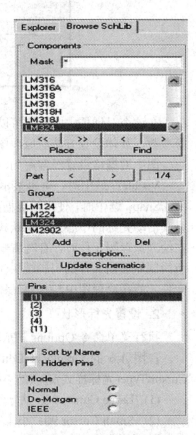

图 4-7　原理图元件库浏览器

击 Part 区域中的 ❯ 按钮，则 1/4 变为 2/4，表明当前显示的是第二单元。各单元的图形完全一样，只是引脚号不同。

Part 区域中的 ❮ 按钮：选择复合式元件的上一个单元。

(2) Group 选项区域。Group 选项区域的功能是查找、选择元件集。所谓元件集，即物理外形相同、引脚相同、逻辑功能相同，只是元件名称不同的一组元件。例如，在图 4-7 中选择了元件 LM324，则在 Group 区域中所列出的元件均与 LM324 有相同的外形。

Add 按钮：在元件集中增加一个新元件。新增加的元件除了元件名不同，与元件集内的所有元件的外形完全相同。

Del 按钮：删除元件集内的元件。同时将该元件从元件库中删除。

Description...按钮：所选元件的描述。单击该按钮，系统弹出如图 4-8 所示的元件信息编辑对话框，用于设置元件的默认标号、封装形式(可以有多个)、元件的描述等。

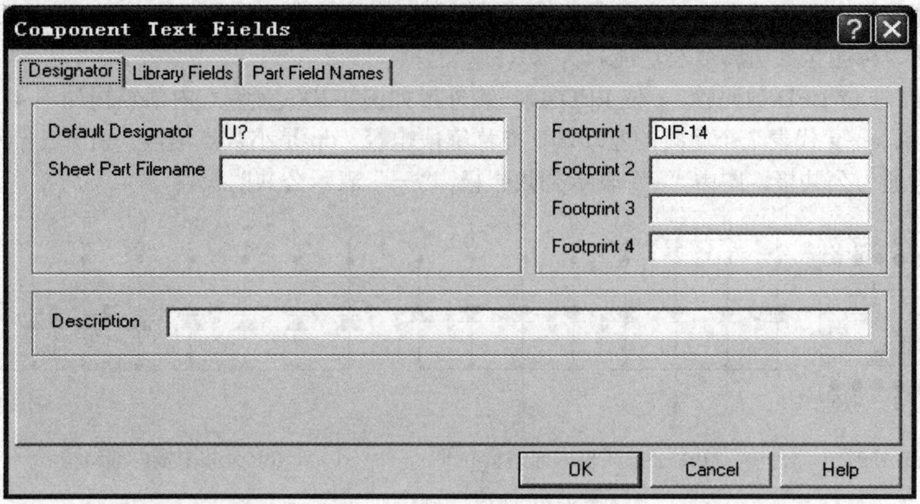

图 4-8　元件信息编辑对话框

Update Schematics 按钮：更新原理图。如果在原理图元件库中编辑修改了元件符号的图形，单击此按钮，系统将自动更新当前打开的所有原理图。

(3) Pins 选项区域。其作用是列出在 Components 选项区域中选中元件的引脚。

Sort by Name 复选框：若选中，则列表框中的引脚按引脚号由小到大排列。

Hidden Pins 复选框：若选中，则在屏幕的工作区内显示元件的隐藏引脚。

(4) Mode 选项区域。其作用是显示元件的三种不同模式，即 Normal、De-Morgan 和 IEEE 模式。

任务二　新原理图元件的绘制

一、1 位七段数码管的绘制

以绘制如图 4-9 所示 1 位七段数码管为例，介绍绘制一个新原理图元件的全过程。

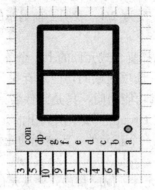

图 4-9　1 位七段数码管

1. 元件检测

用万用表测量一个 1 位七段数码管，根据其引脚及相应功能手工绘制 1 位七段数码管的草图，标明全部引脚数及功能。

(1) 1 位 LED 数码管。1 位 LED 数码管外形如图 4-10(a)所示，内部结构如图 4-10(b)、(c)所示。a～g 代表 7 个笔段的驱动端，亦称笔段电极，dp 是小数点笔段。引脚 3 与引脚 8 内部连通为公共极，图中"＋"表示公共阳极，"－"表示公共阴极。

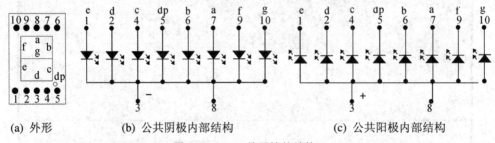

(a) 外形　　　　　　(b) 公共阴极内部结构　　　　　(c) 公共阳极内部结构

图 4-10　LED 数码管的结构

对于共阳极 LED 数码管，将 8 只发光二极管(包括小数点笔段)的阳极(正极)短接后作为公共阳极。当笔段电极接低电平、公共阳极接高电平时，相应笔段发光。

共阴极 LED 数码管则与之相反，它是将 8 只发光二极管(包括小数点笔段)的阴极(负极)短接后作为公共阴极。当笔段电极接高电平、公共阴极接低电平时，相应笔段发光。

(2) 1 位 LED 数码管的检测是用数字万用表检测。其方法如下：

将数字万用表拨至二极管挡，若红表笔固定接引脚 3 或引脚 8，用黑表笔依次接触其他引脚，相应的各笔段均发光，显示值为 1.6 V 左右，则红表笔所接的引脚就是共阳极，并能确定数码管的 a、b、c、d、e、f、g、dp 各发光笔段所对应的引脚。

将数字万用表拨至二极管挡，若黑表笔固定接引脚 3 或引脚 8，用红表笔依次接触其他引脚，相应的各笔段均发光，显示值为 1.6 V 左右，则黑表笔所接的引脚就是共阴极，并能确定数码管的 a、b、c、d、e、f、g、dp 各发光笔段所对应的引脚。

2. 新建原理图元件库和新建元件

启动 Protel 99 SE，打开一个设计数据库文件，执行菜单命令 File | New...，新建原理图元件库文件，如 Schlib1.Lib，双击文件，进入原理图元件库编辑器，系统会自动新建一个名为 Component_1 的元件，执行菜单命令 Tools | Rename Component...，在系统弹出的

New Component Name 对话框中将文件重命名为 SMG。

3. 绘制元件外形

移动光标至原点处单击鼠标左键，然后按 PageUp 键放大屏幕，直到屏幕上出现栅格。单击绘图工具栏上的 (矩形)按钮，在十字坐标原点处对称绘制元件外形，矩形尺寸如图 4-9 所示。

单击绘图工具栏上的 ╱(直线)按钮，在矩形上对称绘制 8 字形状如图 4-9 所示，线宽尺寸如图 4-11 所示。

单击绘图工具栏上的 ◯(椭圆)按钮，在矩形右下角绘制出圆形小数点形状，设置椭圆(设置成圆形)的 X、Y 向半径及线宽尺寸，如图 4-12 所示，画好后拖至如图 4-9 所示的相应位置。

图 4-11 线宽尺寸设置

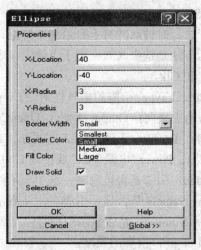

图 4-12 椭圆尺寸设置

4. 放置并编辑元件引脚

(1) 放置引脚。单击绘图工具栏中的 按钮，就会看见光标变成十字形且带着一个引脚(短线)，将光标移动到该放置引脚的地方，注意用空格键调整引脚的方向，如图 4-13 所示，使引脚的圆头朝外，引脚的根部紧挨着元件体，单击鼠标一次可放置一个引脚，如此可一个接一个地放置引脚，1 位 LED 数码管共有 10 个引脚，放置完成后单击右键退出，如图 4-14 所示。

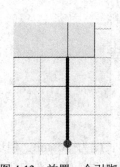

图 4-13 放置一个引脚

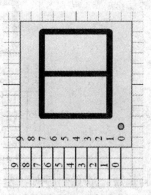

图 4-14 放置 10 个引脚

(2) 引脚属性。双击欲编辑的引脚，系统弹出 Pin 属性设置对话框，如图 4-15 所示。Pin 属性设置对话框中各选项含义如下：

Name：引脚名。若引脚名的字母中有"非"的符号，如 $\overline{R}$ 应输入 R\。

Number：引脚号。

X-Location、Y-Location：引脚的坐标位置。

Orientation：引脚方向。共有 0 Degrees、90 Degrees、180 Degrees、270 Degrees 四个方向。

Color：引脚颜色。

Dot Symbol：引脚是否具有反向标志。√ 表示显示反向标志。

Clk Symbol：引脚是否具有时钟标志。√ 表示显示时钟标志。时钟脉冲有上升沿和下降沿，对于上升沿，表示方法是选中 Clk。对于下降沿，表示方法是选中 Dot 和 Clk。

Electrical Type：引脚的电气性质。有 Input (输入)、IO (输入/输出双向)、Output (输出)、OpenCollector (集电极开路)、Passive (无源)、HiZ (高阻)、OpenEmitter (射极开路)、Power (电源 VCC 或接地 GND) 八种。

Hidden：引脚是否被隐藏，选中表示隐藏。

Show Name：是否显示引脚名，√表示显示。

Show Number：是否显示引脚号，√表示显示。

Pin Length：引脚的长度。

Selection：引脚是否被选中。

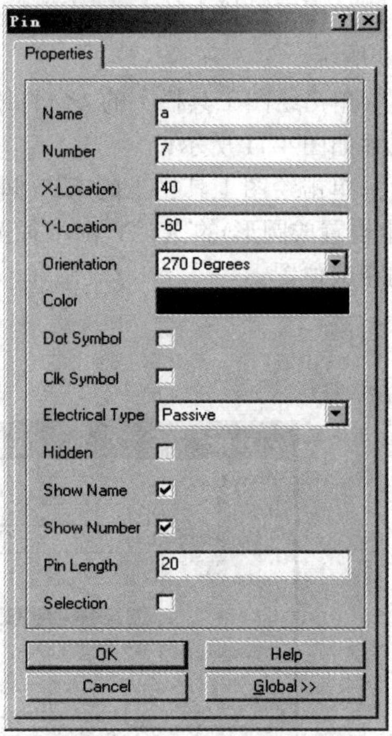

图 4-15　Pin 属性设置对话框

(3) 编辑引脚名、引脚号。按照图 4-16 所示，根据引脚号调整各引脚的位置，并分别编辑各引脚名、引脚号。

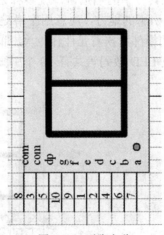

图 4-16　引脚名称

(4) 编辑引脚长短。放置引脚时，系统默认的引脚长度为 30 mil，但现在要求引脚长度均为 20 mil。要缩短所有引脚的长度，所以需要进行全局编辑。双击任意一个引脚，弹出属性设置对话框。在 Pin Length 文本框中输入 20，然后单击属性设置对话框中的 Global 按钮，进入全局编辑状态，如图 4-17 所示。由于 Change Scope 框中是 Change Matching Items In Current Document，所以只要单击 OK 按钮，就可以看到所有引脚都为 20 mil 了。

（5）隐藏引脚。有些情况下，原理图元件的电源和地线引脚是不显示的，需要将它们隐藏，所以应该设置其引脚属性 Hidden，将该引脚隐藏。

因 1 位 LED 数码管的引脚 3、8 内部连通为公共极，在画 1 位 LED 数码管的原理图元件时，可隐藏其中的一个引脚，这里选择隐藏引脚 8。双击引脚 8，在其引脚属性中选中 Hidden 选项，如图 4-18 所示，将该引脚隐藏。

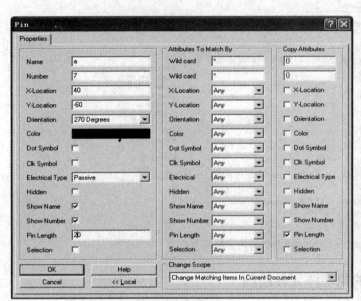

图 4-17 全局编辑状态

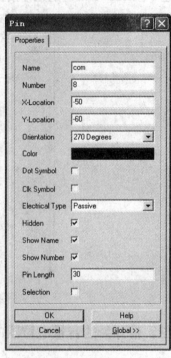

图 4-18 隐藏引脚

5. 编辑元件信息

单击元件管理器中的 Description 按钮，编辑 1 位 LED 数码管的元件信息，如图 4-19 所示。

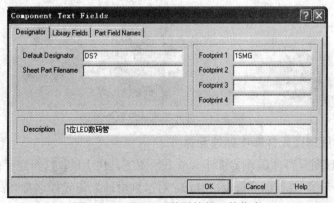

图 4-19 1 位 LED 数码管的元件信息

6. 元件保存

当元件设计完成后，单击主工具栏中的保存按钮，将元件存入原理图元件库。最后画成的 1 位 LED 数码管原理图元件如图 4-9 所示。

7. 元件报表

在元件编辑界面下，执行菜单命令 Report | Component，将产生当前编辑窗口的元件报表。元件报表文件以.cmp 为扩展名保存在当前设计项目中。如图 4-20 所示，列出了上述 1 位 LED 数码管的元件报表信息。

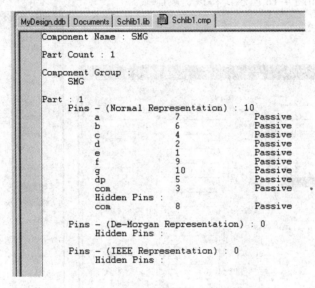

图 4-20　1 位 LED 数码管的元件报表信息

二、带开关的音量电位器的原理图元件绘制

1. 元件测量

如图 4-21 所示，带开关的音量电位器由开关和电位器两个单元构成，其中开关单元有 2 个引脚(引脚 1、2)，电位器单元有 3 个引脚(引脚 3 为调整端，引脚 4、5 为固定端)。

图 4-21　带开关的音量电位器

2. 在已有的原理图元件库中新建元件

在已有的原理图元件库编辑界面下，单击绘图工具栏上的▓(新建元件)按钮，在系统弹出的图 4-22 所示的 New Component Name 对话框中输入新元件名称"YLKG"，单击 OK 按钮，如图 4-23 所示。

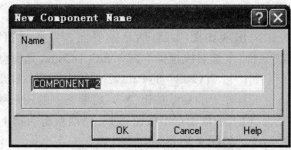

图 4-22 New Component Name 对话框

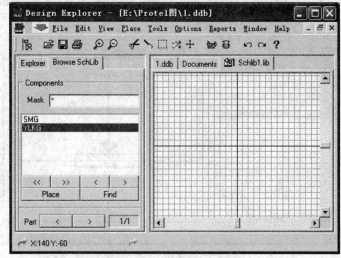

图 4-23 新建元件"YLKG"

3. 绘制带开关的音量电位器的原理图元件

(1) 开关单元。在同一个绘图界面下单击主工具栏上的 📂(打开)按钮，弹出 Open Design Database 对话框，打开 C:\Program Files\Design Explorer 99 SE\Library\Sch\Miscellaneous Devices.ddb\Miscellaneous Devices.lib，找到 SW SPST 元件，全选后执行菜单命令 Edit | Copy，光标变成十字形，在 SW SPST 元件体上单击一下。回到新元件"YLKG"原理图元件库编辑界面，执行菜单命令 Edit | Past 或单击主工具栏上的粘贴按钮 ↘，将要复制的图形移到坐标原点处对称单击放置，然后单击主工具栏上的取消选中按钮 ⅔，如图 4-24 所示。

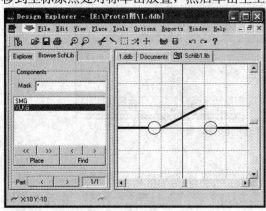

图 4-24 设置开关单元

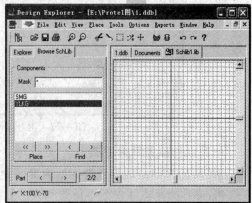

图 4-25 Part2/2 界面

(2) 电位器单元。在新元件“YLKG”原理图元件库编辑界面下，单击绘图工具栏的 (元件新增单元)按钮，出现如图 4-25 所示的界面。在刚才打开的 Miscellaneous Devices.lib 中找到 POT2 元件，全选后执行菜单命令 Edit | Copy，光标变成十字形，在 POT2 元件体上单击一下。回到新元件“YLKG”的 Part2/2 的原理图元件库编辑界面，执行菜单命令 Edit | Past 或单击主工具栏上的粘贴按钮 ，将要复制的图形移到坐标原点处对称单击放置，然后单击主工具栏上的取消选中按钮 。依次双击引脚 1、2 将其名称、编号都依次改为 4、5，保存元件，如图 4-26 所示。

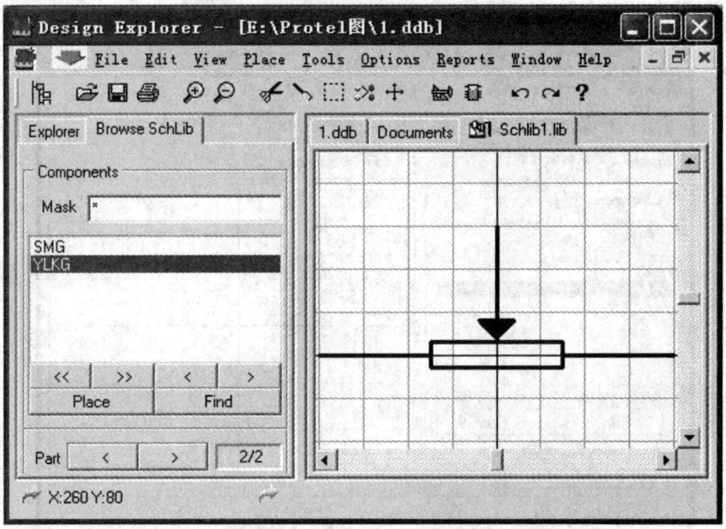

图 4-26　设置电位器单元

4. 编辑元件信息及保存元件

单击元件管理器中的 Description 按钮，编辑带开关的音量电位器的元件信息，如图 4-27 所示，然后保存元件。

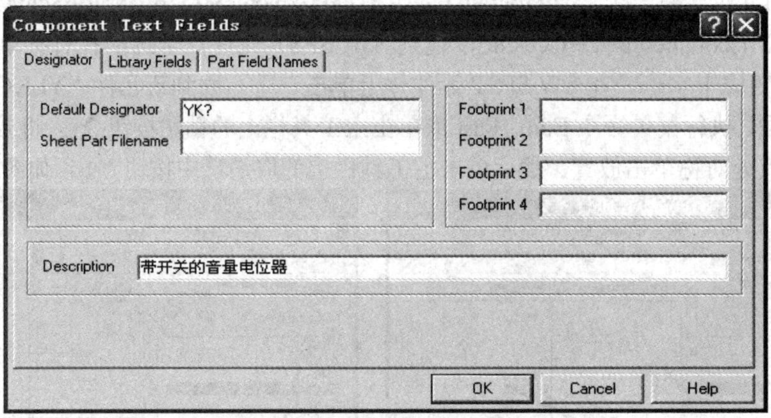

图 4-27　带开关的音量电位器的设置

5. 将元件放置到原理图中

在“YLKG”的原理图元件库编辑界面上，单击左侧原理图元件库管理器 Browse SchLib 下的 Place 按钮，在原理图中放置两次，如图 4-28(a)所示。双击第二个图形，在元件属性对话框中将元件的单元号改为 2，如图 4-28(b)所示，然后单击 OK 按钮，如图 4-28(c)所示。

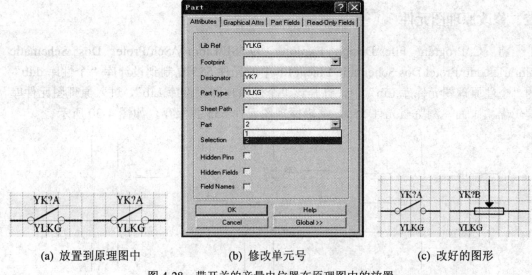

(a) 放置到原理图中　　　　　　(b) 修改单元号　　　　　　(c) 改好的图形

图 4-28　带开关的音量电位器在原理图中的放置

任务三　创建个性化的原理图元件库

一、创建个性化的原理图元件库的步骤

(1) 在 E:\中新建一个文件夹，用用户的中文姓名命名。启动 Protel 99 SE，创建一个新的设计数据库文件"个性库.ddb"，在"个性库.ddb"中双击文件夹 Documents，在 Documents 文件夹中新建一个原理图元件库 *.Lib 文件，命名为"个性原理图元件库.Lib"。双击"个性原理图元件库.Lib"，进入原理图元件库编辑器。

(2) 打开含有所需元件的原理图元件库(以 C:\Program Files\Design Explorer 99 SE\Library\Sch\Protel Dos Schematic Libraries.ddb\Protel Dos Schematic Linear.lib 为例)，找到要复制的元件(如以 555 元件为例)，鼠标指向浏览器中元件名称处右击，在弹出的右键菜单中选择 Copy。

(3) 回到"个性原理图元件库.Lib"中，鼠标指向浏览器中元件列表处右击，在弹出的右键菜单中选择 Paste，则 Protel Dos Schematic Linear.lib 中的元件 555 及其组内所有元件(成组的元件是同一个原理图图形)全部复制到 "个性原理图元件库.Lib"中，可以删除其他组内元件，留下元件 555 即可。

(4) 按以上方法将所有需要的元件都复制到"个性原理图元件库.Lib"中。

(5) 如果在现有原理图元件库中没有所需要的元件，则在"个性库.ddb"中的"个性原理图元件库.Lib"中制作该元件并将其保存。

(6) 保存"个性库.ddb"。

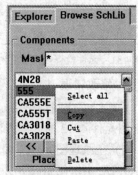

图 4-29　复制元件

二、修改原理图元件

将 C:\Program Files\Design Explorer 99 SE\Library\Sch\Protel Dos Schematic Libraries.ddb\Protel Dos Schematic Linear.lib 中的元件 555 复制到设计库"个性库.ddb"的"个性原理图元件库.Lib"中，打开该"个性原理图元件库.Lib"，进入原理图元件库编辑器主画面，浏览至元件 555，编辑原理图元件 555 并保存，如图 4-30 所示。

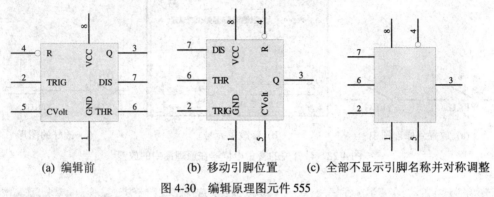

（a）编辑前　　　　　（b）移动引脚位置　　　　（c）全部不显示引脚名称并对称调整

图 4-30　编辑原理图元件 555

三、元件规则检查报表

1. 元件规则检查

元件规则检查主要是指帮助设计者进一步检查和验证的工作。例如，检查原理图元件库中的元件是否有错，并指出错误的原因。

在元件编辑界面下，执行菜单命令 Report | Component Rule Check...，系统弹出如图 4-31 所示的元件检查规则设置对话框。图 4-32 列出了原理图元件库"自制.Lib"的元件规则检查报表。报表中指出的错误是元件 4011 有 2 个 14 号的引脚，元件 4012 遗漏了引脚 6、8。

图 4-31　元件检查规则设置对话框　　　　　图 4-32　元件规则检查报表

2. 修改错误

发现错误应回到出错元件处进行修改，然后再进行元件规则检查，直至全部正确。下面介绍元件 4012 的修改方法：

（1）在原理图元件库编辑界面下，在 4012 的 Part 1/2 中增画引脚 6，引脚长 20，隐藏。在 Part 2/2 中增画引脚 8，引脚长 20，隐藏。

（2）在元件浏览器中单击 Description 按钮，弹出 Component Text Fields 对话框，在 Library

Fields选项卡的Text Field 4中将信息修改为"pins=1:[2,3,4,5,1,14,7,6]2:[9,10,11,12,13,14,7,8]"，如图4-33所示，单击OK按钮。

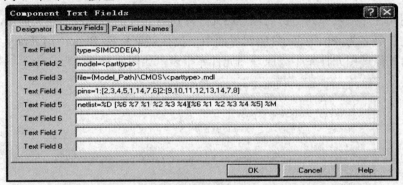

图4-33　Component Text Fields 对话框

（3）在4012元件编辑界面下，执行菜单命令 Report | Component，生成如图4-34所示的4012元件报表。4012有三种形式的图形，即有三种形式的引脚，通常采用第一种，后两种可删除不要。

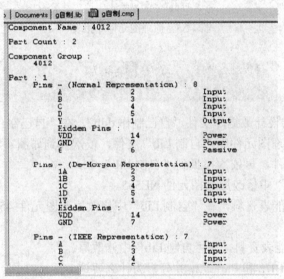

图4-34　4012元件报表

（4）回到4012元件编辑界面，执行菜单命令 Tools | Show De-Morgan，出现4012元件的 De-Morgan 图形，将其两个单元的图形均全选并清除，单击保存。

（5）执行菜单命令 Tools | Show IEEE，出现4012元件的 IEEE 图形，将其两个单元的图形均全选并清除，单击保存。

（6）执行菜单命令 Tools | Show Normal，回到4012元件 Normal 图形编辑界面，执行菜单命令 Report | Component，生成4012元件报表。该元件报表中只有 Normal 这一种图形了。

（7）回到4012元件编辑界面，执行菜单命令 Report | Component Rule Check...，生成4012元件所在原理图元件库元件规则检查报表。Errors(错误)信息下为空，说明已完成了全部错误的修改。

四、原理图元件库报表

原理图元件库报表中列出当前原理图元件库所有元件的名称及其相关描述，原理图元件库报表的扩展名为.rep。在元件编辑界面中，执行菜单命令 Report | Library，将对元件编辑器当前的原理图元件库生成原理图元件库报表，如图 4-35 所示。

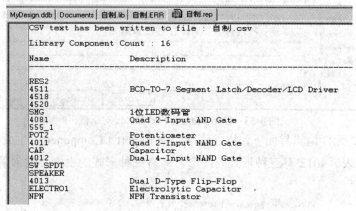

图 4-35　原理图元件库报表

练　　习

1. 创建一个新的设计数据库文件"自己制作.ddb"，在"自己制作.ddb"的 Documents 文件夹中新建一个原理图元件库"自制.Lib"文件，依次找到如图 4-8 所示的 Protel 99 SE 库中能找到的全部元件，再依次拷贝到"自制.Lib"中。

2. 在"自制.Lib"中修改原理图元件 NE555。

3. 查找 4511 功能表资料，在"自制.Lib"中修改原理图元件 4511，并分析为什么要这样改。

4. 查找 4518 功能表资料，在"自制.Lib"中修改原理图元件 4518 的 Part 1/2 和 Part 2/2，并分析为什么要这样改。

5. 在"自制.Lib"中完成 1 位七段数码管的原理图元件的绘制。

6. 查找 AT89C52 的资料，在"自制.Lib"中完成如图 4-36 所示 AT89C52 的原理图元件的绘制，分析要画多少引脚，应怎样处理？

7. 在"自制.Lib"中完成带开关的音量电位器的原理图元件的绘制。

8. 在"自制.Lib"中完成 4 位七段数码管的测量及原理图元件的绘制。

9. 生成元件规则检查报表，修改全部错误。

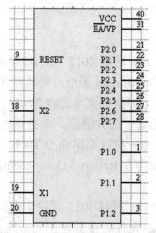

图 4-36　(AT89C52)元件的绘制

项目五　原理图综合设计实例

学习目标：
(1) 掌握原理图设计的流程和基本方法。
(2) 综合运用所学知识，绘制不同类型的原理图。
(3) 掌握利用原理图生成原理图元件库的方法。
(4) 熟练进行原理图的编辑与调整。

任务一　555 多谐振荡器原理图设计

一、555 多谐振荡器(音频)原理图

综合运用所学知识，绘制如图 5-1 所示的 555 多谐振荡器(音频)原理图。

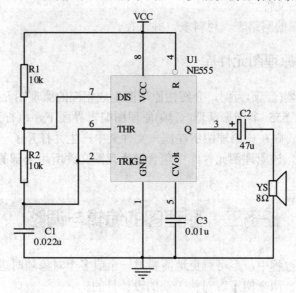

图 5-1　555 多谐振荡器(音频)原理图

二、555 多谐振荡器(音频)原理图设计步骤

(1) 启动 Protel 99 SE，新建一个设计数据库文件，保存在用户的文件夹中，在该设计文件的 Document 中新建一个原理图文件，A4 图纸，其他参数取默认值。

(2) 在 Protel 99 SE 自带的原理图元件库中找到 NE555 和扬声器，分别修改至图 5-1 所示元件，其中扬声器的修改必须重新设置合适的原理图元件库编辑器的捕捉栅格，改好

后放置到原理图中。

(3) 参考表 5-1 元件清单，在原理图文件中，正确绘制如图 5-1 所示的原理图。

表 5-1　555 多谐振荡器(音频)元件清单

标号	参数	方案一封装名称	方案二封装名称	备注
U1	NE555	DIP8	SO-8	修改原理图元件
R1	10 kΩ	AXIAL0.4	0805	
R2	10 kΩ	AXIAL0.4	0805	
YS	8 Ω	SIP2	0805	修改原理图元件
C1	0.022 μF	RAD0.2	0805	
C2	47 μF	RB.1/.2	TPDR	自画封装
C3	0.01 μF	RAD0.1	0805	
J1	+5 V	SIP2	0805	

(4) 进行电气规则检查(ERC)，修改错误，直至全部正确。

(5) 保存该原理图文件。

(6) 生成该原理图的网络表、材料表，并保存。

三、由原理图生成原理图元件库

以 555 多谐振荡器(音频)为例，介绍由原理图生成相应的原理图元件库的方法。

在已完成绘制的 555 多谐振荡器(音频)原理图编辑界面下，执行菜单命令 Design | Make Project Library，则在该原理图所在同一文件夹中产生并打开了一个和该原理图同名的原理图元件库文件，该原理图元件库中包含源原理图文件所用全部的原理图元件。

任务二　原理图的编辑与调整

在设计原理图的过程中，不可避免地需要对一个或多个对象随时进行编辑、调整及修改，以达到正确合理、清晰明了、对称美观的设计目的。

一、移动和拖动

移动有两种形式：移动和拖动。两者之间的区别：移动元件时，与元件相连的导线不会随之移动，会断线；拖动元件时，元件上的导线也跟着移动，不会断线。

1. 移动元件的方式

(1) 利用菜单移动选中的元件。选中需要移动的元件，执行菜单命令 Edit | Move |

Move Selection，光标变成十字形，移动光标到选中的元件上单击鼠标左键，选中的元件就粘在了光标上并随着光标移动，移到合适的位置后，再单击鼠标左键放下选中的元件，并退出移动状态。

(2) 利用菜单连续移动单个元件。执行菜单命令 Edit｜Move｜Move，光标变成十字形，将光标移到待移动的元件上单击鼠标左键，则该元件就粘在了光标上，移动光标到合适的位置后，再单击鼠标左键放下该元件。此时系统仍处于移动状态，可以继续移动其他元件，单击鼠标右键或按 Esc 键退出。

(3) 利用鼠标直接移动元件。移动光标到需要移动的元件上，按住鼠标左键不放并移动鼠标，则该元件将跟着光标移动，移到合适的位置后松开鼠标左键即可。

2. 拖动元件的方式

(1) 利用菜单拖动选中的元件。首先选中需要拖动的元件，然后执行菜单命令 Edit｜Move｜Drag Selection，光标变成十字形，移动光标到要选中的元件上单击鼠标左键，选中的元件就粘在了光标上并随着光标的移动而被拖动。移到合适的位置后，再单击鼠标左键放置选中的元件，并退出拖动状态。

(2) 利用菜单连续拖动单个元件。执行菜单命令 Edit｜Move｜Drag，将光标移动到待拖动的元件上单击鼠标左键，该元件就粘在了光标上并随着光标的移动端被拖动，可看到连接的导线不会断开，移到合适的位置后单击鼠标左键放下该元件。此时系统仍处于拖动状态，可以继续拖动其他元件，单击鼠标右键或按 Esc 键退出。

(3) 利用鼠标直接拖动元件。将光标移到待拖动的元件上，在按下 Ctrl 键的同时单击鼠标左键，光标变成十字形并粘着元件，移动鼠标，该元件将跟着光标移动，移到合适的位置后单击鼠标左键放下该元件。

二、排列和对齐

选中要排列和对齐的对象，执行主菜单命令 Edit｜Align，进入元件排列和对齐子菜单，具体功能如图 5-2 所示。

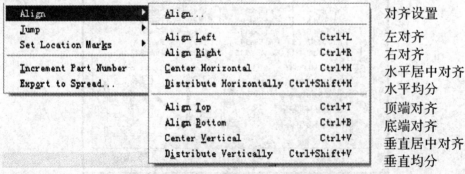

图 5-2　元件排列和对齐子菜单

在绘制原理图时，如果需要排列和对齐元件，最好执行图 5-2 的子菜单命令 Align...，这时系统弹出 Align objects(对齐对象)对话框。对话框包括 Horizontal Alignment(水平对齐)选项区域、Vertical Alignment(垂直对齐)选项区域、Move primitives to grid(将图元移至栅格点上)单选项三部分，其中 Move primitives to grid(将图元移至栅格点上)单选项一定要选中。

例如图 5-3 所示是一个垂直均分的设置，这样才能使元件的引脚正好放在栅格上，方便导线的连接。

不改变
左对齐
水平居中对齐
右对齐
水平均分

不改变
顶端对齐
垂直居中对齐
底端对齐
垂直均分

图 5-3　Align objects 对话框

三、元件标号的自动标注

执行菜单命令 Tools | Annotate...，系统弹出 Annotate 对话框，如图 5-4 所示，其中 Annotate Options 区域的选择很重要。

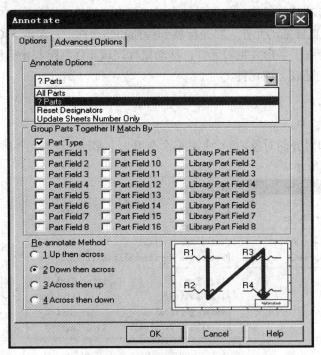

图 5-4　Annotate 对话框

(1) 元件标号全部标注。若原理图各元件全部没有标注序号，按图 5-5 操作后，各元件标号全部按设定要求标注。

(2) 元件已标序号增加并重排。若原理图各元件已标有序号，按图 5-5 操作后，序号全部增加(原序号已全部不复存在)，并按设定要求重新排列。

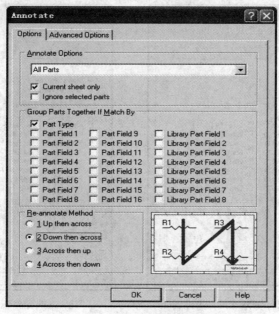

图 5-5 序号全部标注的设置

(3) 元件已标序号重排。若原理图各元件已标有序号，按图 5-6 在 Annotate Options 下拉列表框中选择 Reset Designators，单击 OK 按钮，元件标号全部变为"？"，即删除了全部元件的序号。再按图 5-5 的方法操作，则所有元件的序号均已重新排列。

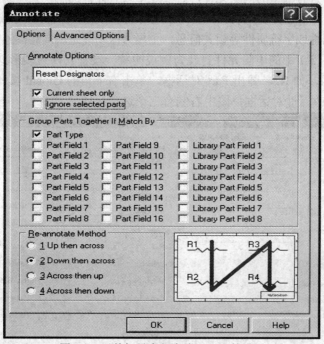

图 5-6 元件标号全部变为"？"的设置

(4) 更改并重排部分元件的序号。若原理图各元件已标有序号，其中部分元件的序号不用更改，其他元件的序号需要修改，则选中这部分不用更改的元件，按图 5-7 所示步骤操作即可。

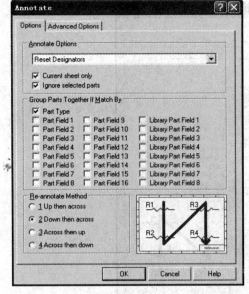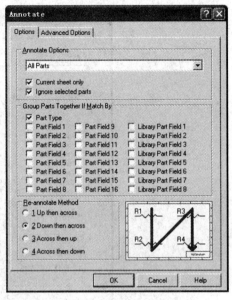

(a) 未选元件标号变为"？"的设置   (b) 未选元件标号重排的设置

图 5-7   更改并重排部分元件的序号

四、对象属性的全局性修改

原理图中通常含有大量的同类元件，若要逐个设置元件的属性费时费力。Protel 99 SE 有全局修改功能，可以进行统一设置。全局修改功能也称为整体编辑，就是可以一次性修改元件属性、导线属性或字符属性等相关信息，全局修改功能是提高绘图速度最有效的方法。

下面以设置图 5-1 中的电阻元件封装为例说明统一设置元件封装形式的方法。

双击任一电阻，如 R2，弹出 Part 对话框，单击右下角的 Global 按钮，系统弹出如图 5-8 所示的全局修改属性对话框，图中右侧有三个选项区域。

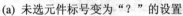

图 5-8   全局修改属性对话框

(1) Attributes to Match By 选项区域：用于设定修改属性对象的选择条件。就是说，若对象符合这些条件，其属性就会被修改。其中有信号"*"的项目需要输入选择条件，若不输入条件就认为是所有选择条件都吻合。具有下拉列表框的项目需要单击右边的下拉按钮进行选择，其中 Any 表示该项目所有选择条件都满足，Same 表示与该项目相同才满足选择条件，Different 表示与该项目不相同才满足选择条件。

(2) Copy Attributes 选项区域：其功能是设定要修改的属性，就是把本对象的属性复制给符合条件的对象。其中大括号中的内容需要输入，若不输入，就表示该项目的属性不需要修改。对于复选框中的项目，则是选择哪一个项目就修改哪一个项目的属性。

(3) Change Scope 选项区域：其功能是设定修改属性的范围。该区域中的下拉列表框如图 5-9 所示。

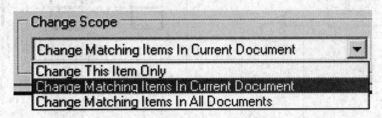

图 5-9　Change Scope 中的下拉列表框

Change This Item Only 选项：设定修改属性的范围只是本元件。

Change Matching Items In Current Document 选项：设定修改属性的范围为本原理图。

Change Matching Items In All Documents 选项：设定修改属性的范围为所有原理图。

需要指出的是，每个对象属性都不相同，各有各的特点，一般需要修改的是基本属性。例如，常要修改的是各个元件的封装。

当要把图 5-1 电路中电阻的封装都修改为 0805，就需要在 Copy Attributes 选项区域的 Footprint 项目中去掉大括号 { }，改为 0805，然后在 Attributes To Match By 选项区域的 Lib Ref 项目中去掉星号 *，改为 RES2，单击 OK 按钮，弹出如图 5-10 所示的 Confirm 提示框，单击 Yes 按钮，这样图 5-1 中的电阻封装全部改成了 0805。

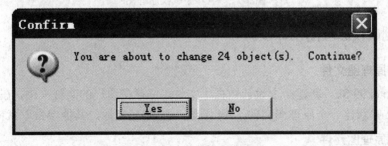

图 5-10　Confirm 提示框

五、恢复隐藏的元件参数

Sch 中，若将所有元件的参数全部隐藏后，又想恢复显示所有参数，具体操作如下：

任意放置一个 Sch 元件，双击该元件的参数值，进入 Part Type 对话框，先在 hide 前加上☑，再去掉 hide 前的☑，单击 Global 按钮，单击 OK 按钮，在弹出的 Confirm 提示框中单击 Yes 按钮，则原隐藏的参数已全部显示，最后删除该任意放置的 Sch 元件。

任务三　电容测试仪原理图设计

一、电容测试仪原理图

综合运用所学知识，绘制如图 5-11 所示的电容测试仪原理图。

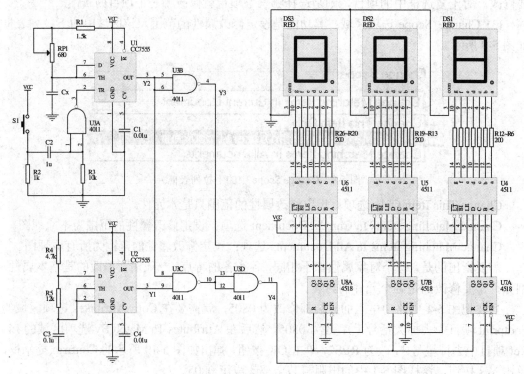

图 5-11　电容测试仪原理图

二、电容测试仪原理图设计步骤

1. 新建原理图文件

启动 Protel 99 SE，新建一个设计数据库文件，保存在用户的文件夹中，在该设计文件的 Document 中新建一个原理图文件，A4 图纸，大 90° 光标，其他参数取默认值。

2. 修改原理图元件

在 Protel 99 SE 自带的原理图元件库中找到 555、4511、4518，分别修改至如图 5-11 所示的元件，放置到原理图中。

3. 新建原理图元件库文件并绘制新原理图元件

在设计文件的 Document 中新建一个原理图元件库文件，新建一个新原理图元件七段数码管并绘制该原理图文件，完成后放置到原理图中。

4. 绘制原理图

参考表 5-2 元件清单，在原理图文件中，正确绘制如图 5-11 所示的原理图。注意：

(1) 图 5-11 中的 3 个数码管共有 21 个限流电阻 R6~R26，编辑元件属性时分别输入元件标号、元件参数、元件封装，输入完成后的原理图元件标号、元件参数均相互叠放，不易识别，可将这些元件标号、元件参数逐一隐藏，然后在每一组元件旁用文本标注出是哪些元件，参数是多少。例如逐一隐藏元件标号 R6~R12 和它们的参数 200，在这一组元件旁用文本标注出"R12~R6"和"200"以示说明。

(2) 需要输入被测试的电容 Cx 和按钮 S1 的元件参数，完成输入后再隐藏其元件参数。如果不输入元件参数，那么由其原理图生成的材料表中将会漏掉这些元件。

(3) 图 5-11 中的 Y1~Y4 是用文本标注的，分析原理图中这四点的输出波形时所用的输出波形测试点的名称。

表 5-2　电容测试仪元件清单

序号	元件名称	参数	数量	封装名称	备　注
1	电阻	200 Ω	21	AXIAL0.4	
2	电阻	1.5 kΩ	1	AXIAL0.4	
3	电阻	1 kΩ	1	AXIAL0.4	
4	电阻	12 kΩ	1	AXIAL0.4	
5	电阻	10 kΩ	1	AXIAL0.4	
6	电阻	4.7 kΩ	1	AXIAL0.4	
7	电容	1 μF	1	RAD0.2	
8	电容	0.1 μF	1	RAD0.2	
9	电容	0.01 μF	2	RAD0.2	
10	电位器	680 Ω	1	DWQ	自画封装
11	集成定时器	CC7555	2	DIP8	修改原理图元件
12	集成与非门	CD4011	1	DIP14	
13	集成译码显示器	CD4511	3	DIP16	修改原理图元件
14	集成计数器	CD4518	2	DIP16	修改原理图元件
15	数码管	红色共阴	3	SMG	自画原理图元件、封装
16	按钮	轻触开关	1	AN	自画封装
17	测试电容插座	Cx	1	RB.3/.6	
18	+9 V 电源	插针	1	SIP2	

5. 电气规则检查

进行电气规则检查(ERC)，修改错误，直至全部正确。保存该原理图文件。

6. 网络表、材料表

由原理图生成该原理图的网络表、材料表，并保存。

三、生成电容测试仪原理图元件库

在已完成绘制的电容测试仪原理图编辑界面下，执行菜单命令 Design | Make Project Library，则在该原理图所在同一文件夹中生成并打开了一个和该原理图同名的原理图元件库文件，该原理图元件库中包含绘制源原理图文件所用的全部原理图元件。

任务四　单片机彩灯控制电路的原理图设计

一、单片机彩灯控制电路原理图

综合运用所学知识绘制如图 5-12 所示单片机彩灯控制电路原理图。

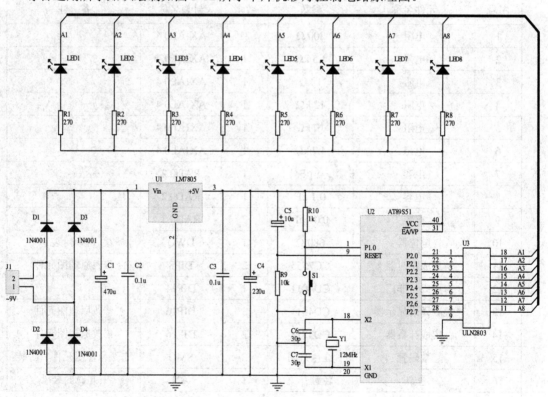

图 5-12　单片机彩灯控制电路原理图

二、单片机彩灯控制电路原理图设计步骤

(1) 启动 Protel 99 SE，新建一个设计数据库文件，保存在用户的文件夹中，在该设计文件的 Document 中新建一个原理图文件，A4 图纸，大 90°光标，其他参数取默认值。

(2) 在文件夹 Document 中新建一个原理图元件库文件，并在其中新建 2 个新原理图元件 AT89S51、ULN2803，在网上查找资料并绘制，绘制完成后放置到原理图中。

(3) 参考表 5-3 元件清单，在原理图文件中，正确绘制如图 5-12 所示原理图。

表 5-3 单片机彩灯控制电路元件清单

序号	元件名称	参数	数量	封装名称	备 注
1	电容	0.1 μF	2	RAD0.2	
2	电容	470 μF	1	RB.2/.4	
3	电容	10 μF	1	RB.1/.2	自画封装
4	电容	30 pF	2	RAD0.1	
5	电容	220 μF	1	RB.2/.4	
6	电阻	1 kΩ	1	AXIAL0.4	
7	电阻	10 kΩ	1	AXIAL0.4	
8	电阻	270 Ω	6	AXIAL0.4	
9	二极管	1N4001	4	DIODE0.4	
10	晶振	12 MHz	1	XTAL1	
11	单片机	AT89S51	1	DIP40	自画原理图元件
12	稳压器	LM7805	1	TO-126	
13	集成电路	ULN2803	1	DIP18	自画原理图元件
14	按钮	轻触开关	1	AN	自画封装
15	连接器	~9 V	1	SIP2	
16	发光二极管	φ5	8	LED	自画封装

(4) 进行电气规则检查(ERC)，修改错误，直至全部正确。保存该原理图文件。

(5) 由该原理图生成原理图元件库。

(6) 生成该原理图的网络表、材料表，并保存。

练 习

1. 绘制如图 5-1 所示的原理图，进行 ERC 检查，生成其原理图元件库、网络表、材料表。

2. 绘制如图 5-11 所示的原理图，进行 ERC 检查，生成其原理图元件库、网络表、材料表。

3. 绘制如图 5-12 所示的原理图，进行 ERC 检查，生成其原理图元件库、网络表、材料表。

项目六　印制电路板设计基础

学习目标：

(1) 了解印制电路板的基本元素。

(2) 了解常用元件的封装及其所在的元件库。

(3) 熟悉 PCB 编辑器的使用。

(4) 掌握设计环境的设置。

(5) 熟悉 PCB 的工作层。

Protel 99 SE 软件为我们绘制电路原理图、印制电路板图提供了良好的操作环境，而设计的最终目的是印制电路板图的设计。

印制电路板简称为 PCB(Printed Circuit Board)。

PCB 编辑器是 Protel 99 SE 的一个重要组成部分，用于设计印制电路板图。

任务一　PCB 编辑器的使用

一、印制电路板的基本元素

1. 元件封装

电路原理图中的元件使用的是实际元件的电气符号；PCB 设计中用到的元件则是实际元件的封装。元件的封装由元件体投影轮廓、引脚对应的焊盘、序号和参数等组成，封装名称在 PCB 中不显示，如图 6-1 所示。不同的元件可以共用同一个元件封装，同种元件也可以有不同的封装。所以，在进行印制电路板设计时，不仅要知道元件的名称，而且要确定该元件的封装，这一点是非常重要的。元件的封装最好在进行电路原理图设计时指定。常见元件的封装详见附录 B。

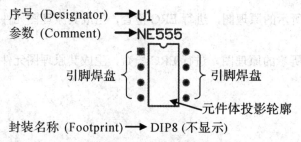

序号 (Designator) ➞ U1
参数 (Comment) ➞ NE555
引脚焊盘 　　　引脚焊盘
元件体投影轮廓
封装名称 (Footprint) ➞ DIP8 (不显示)

图 6-1　元件封装的结构

(1) 元件封装的分类。元件的封装形式可分为两大类：针脚式元件封装和表面贴装式元件封装。

① 针脚式元件封装。这类封装的元件在焊接时，一般先将元件的引脚从电路板的顶层插入焊盘通孔，然后在电路板的底层进行焊接。由于针脚式元件的焊盘通孔贯通整个电路板，故在其焊盘属性对话框中，Layer(层)的属性必须为 MultiLayer(多层)。

② 表面贴装式元件封装。这类封装的元件在焊接时，元件与其焊盘在同一层。故在其焊盘属性对话框中，Layer 属性必须为单一板层(如 TopLayer 或 BottomLayer)。

(2) 元件封装的编号。元件封装的编号规则一般为元件类型+焊盘距离(或焊盘数)+元件外形尺寸。根据元件封装编号可区别元件封装的规格。例如，AXIAL0.4 表示电阻类元件封装，两个焊盘的间距为 0.4 英寸(400 mil)；RB.2/.4 表示极性电容类元件封装，两个焊盘的间距为 0.2 英寸(200 mil)，元件直径为 0.4 英寸(400 mil)；DIP16 表示双列直插类元件的封装，两列共 16 个引脚。

另外，不管是在对电路原理图还是对电路的印制板图的编辑过程中，原理图元件的引脚序号必须与元件封装的焊盘序号一致，否则，在将网络表调入电路板图环境时会出现网络丢失错误。

2. 铜膜导线和飞线

(1) 铜膜导线(Track)。铜膜导线简称导线，是覆铜箔层压板上的铜箔经腐蚀后形成的用于连接各个焊盘的导线，是印制电路板最重要的部分。印刷电路板的设计都是围绕如何布置导线来完成的。

(2) 飞线。飞线是用来表示焊盘之间连接关系的线，又称为预拉线。飞线在手工布线时起引导作用，从而方便手工布线。飞线是在引入网络表后生成的，而焊盘间一旦完成实质性的电气布线连接，飞线则自动消失。当同一网络中，部分电气连接断开导致网络不能完全连通时，系统就又会自动产生飞线提示电路不通。利用飞线的这一特点，可以根据电路板中有无飞线来大致判断电路板是否已完成布线。

(3) 飞线与铜膜导线的本质区别。飞线是一种形式上的连线，它只表示焊盘之间有连接关系而并不具备实质性的电气连接。铜膜导线则是根据飞线指示的焊盘间的连接关系而布置的，是具有电气连接意义的连接线路。

3. 焊盘与过孔

(1) 焊盘(Pad)。焊盘的作用是用来放置焊锡、连接导线和元件的引脚。通常焊盘的形状有圆形(Round)、矩形(Rectangle)和正八边形(Octagonal)。根据元件封装的类型，焊盘也分为针脚式和表面贴装式两种，其中针脚式焊盘必须钻孔，而表面贴装式焊盘无需钻孔。选择元件的焊盘类型时，要综合考虑该元件的形状、大小、布置形式、振动和受热情况、受力方向等因素。图 6-2 为常见焊盘的形状和尺寸。

(a) 圆形　　(b) 方形　(c) 正八边形　(d) 表面贴装式焊盘　(e) 针脚式焊盘的尺寸

图 6-2　常见焊盘的形状和尺寸

(2) 过孔(Via)。过孔的主要作用是实现双层板或多层板不同板层间的电气连接，其孔的内侧一般都由金属连通。过孔的形状一般为圆形。过孔有两个尺寸，即总的过孔直径(Diameter)和钻孔直径(Hole Size)，如图 6-3 所示。过孔主要有三种类型：

① 穿透式过孔(Through)：从顶层一直通到底层的过孔。

② 半盲孔(Blind)：从顶层通到某中间层或者是从某中间层通到底层的过孔。

③ 盲孔(Buried)：只在中间层之间导通而没有穿透到顶层或底层的过孔，也称隐藏式过孔。

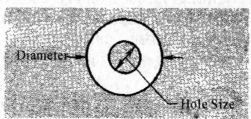

图 6-3　过孔的尺寸

4. 印制电路板

印制电路板主要分为单面板、双面板、多层板。

(1) 单面板。单面板一面有覆铜，另一面没有，通常有覆铜的一面用来布线及焊接，另一面放置元件。单面板成本低，只适用于比较简单的电路设计。

(2) 双面板。双面板的两面都有覆铜，中间为一层绝缘层，所以两面都可以布线和放置元件，顶层(Top)和底层(Bottom)之间的电气连接是靠过孔和通孔焊盘(孔内金属化)实现的。由于两面都可以布线，所以双面板适合设计比较复杂的电路，应用最为广泛。

(3) 多层板。多层板一般指三层以上的电路板。它在双面板的基础上增加了可以布线的内部电源层、接地层及多个中间信号层。用多层板可以设计更加复杂的电路，同时制作成本也很高。随着电子技术的飞速发展，多层板的应用也越来越广泛。

5. 网络(Net)和网络表(Netlist)

从一个元件的某个引脚上到其他引脚或其他元件的引脚上的电气连接关系称作网络。每一个网络均有唯一的网络名称。网络有人为添加的和系统自动生成的，系统自动生成的网络名由该网络内某个引脚的名称组成。

网络表描述电路中元器件特征和电气连接关系，一般从电路原理图中获取，它是电路原理图设计和 PCB 设计之间的桥梁。

6. 安全间距(Clearance)

进行印制电路板设计时，为了避免导线、过孔、焊盘及元件间的距离过近而相互干扰，就必须在它们之间留出一定的间距，这个间距称为安全间距，如图 6-4 所示。

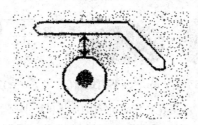

图 6-4　安全间距示意图

二、新建 PCB 文件

新建 PCB 文件的方法与新建电路原理图文件的方法相同，只是选择的图标不同。PCB文件的扩展名是.PCB。

启动 Protel 99 SE，打开一个设计数据库文件，执行菜单命令 File｜New...，系统弹出如图 1-14 所示的 New Document 对话框，选择 PCB Document 图标，单击 OK 按钮。双击该新建文件 PCB1.PCB，进入如图 6-5 所示的 PCB 编辑器主界面。

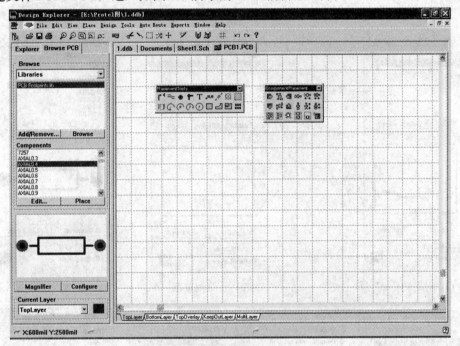

图 6-5　PCB 编辑器主界面

PCB 编辑器主界面与原理图编辑器界面相似，也可以通过菜单或按键进行放大、缩小屏幕的操作。PCB 编辑器主要由以下几个部分构成：

(1) 主菜单栏：PCB 编辑环境的主菜单与 SCH 编辑环境的菜单风格类似，不同的是，其提供了许多用于 PCB 编辑操作的功能选项。

(2) 工具栏：工具栏的按钮与 SCH 编辑环境的基本一致。PCB 编辑器中提供了两个重要的 PCB 设计活动工具栏，即放置工具栏和元件位置调整工具栏。

(3) 设计文件管理器：显示当前所操作的项目文件和设计文档。

(4) PCB 浏览器：用于绘制 PCB 图，即用于所有元件的布局和导线的布线操作。

(5) 编辑区：用于绘制 PCB 图，即用于所有元件的布局和导线的布线操作。

(6) 层标签：单击层标签，可以显示不同层的图形，每层元件和走线都用不同颜色区分开来，便于对不同的层进行编辑与设计。

三、PCB 浏览管理器的使用

单击 PCB 管理器中的 Browse PCB 选项卡，在 Browse 下拉列表框中选择设定好的对象，选择的对象包括 Nets(网络)、Components(元件)、Libraries(封装库)、Net Classes(网络类)、Component Classes(元件类)、Violations(违反规则信息)和 Rules(设计规则)共七类浏览器，如图 6-6 所示。

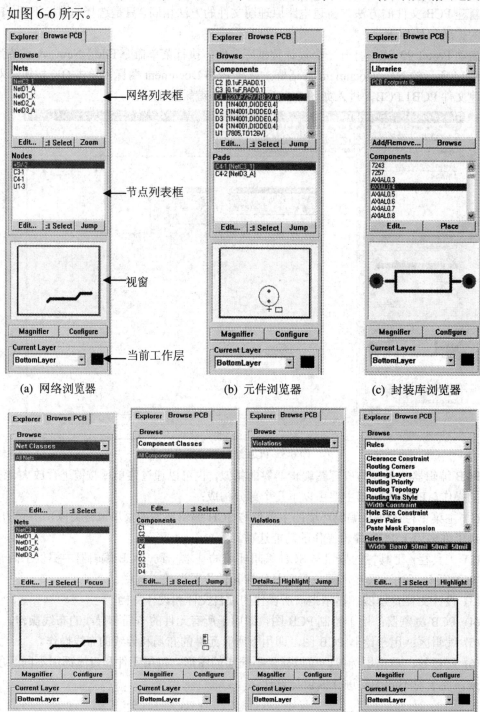

(a) 网络浏览器　　　　　　(b) 元件浏览器　　　　　　(c) 封装库浏览器

(d) 网络类浏览器　(e) 元件类浏览器 (f) 违反规则信息浏览器　(g) 设计规则浏览器

图 6-6　PCB 浏览器

1. 网络(Nets)浏览器

网络浏览器可以对电路板中的网络进行编辑和管理。如图 6-6(a)所示，在网络列表框中选中某个网络，单击 Edit...按钮可以编辑该网络属性；单击 Select 按钮可以选中网络；单击 Zoom 按钮则可放大显示所选取的网络，同时在节点列表框中显示此网络的所有节点。

节点是指网络中连接元件引脚的焊盘。在网络列表框中选取某个网络后，该网络的节点全部在节点列表框中列出，如图 6-6(a)所示。选择某个节点，单击 Edit...按钮可以修改该焊盘的各种参数；单击 Select...按钮，该焊盘处于选中状态，呈高亮显示；单击 Jump 按钮，当前焊盘跳跃到屏幕中心放大显示。

在节点列表框的下方，还有一个微型视窗，如图 6-6(a)所示。视窗的整个矩形代表整个 PCB 工作窗口，可显示在 PCB 管理器中浏览的元件或网络。图中的虚线框代表当前的工作窗口画面，同时在视窗上显示出所选择的网络；视窗还可作为放大镜来使用，若单击视窗下的 Magnifier 按钮，光标变成了放大镜形状，将光标在工作区中移动，便可在视窗中放大显示光标所在的工作区域；单击 Configure 按钮，在弹出的对话框中可选择放大镜的放大比例，或按下空格键也可更改放大比例。

在视窗的下方有一个 Current Layer 下拉列表框，可用于选择当前工作层，在被选中的工作层边上会显示该层的颜色。

2. 元件(Components)浏览器

元件浏览器如图 6-6(b)所示，可以显示当前电路板中的所有元件名称和选中元件的所有焊盘，可对其进行编辑和管理。

选择某个元件，单击 Edit...按钮可以修改该元件的各种参数；单击 Select...按钮，该元件处于选中状态，呈高亮显示；单击 Jump 按钮，当前元件跳跃到屏幕中心放大显示。

选择某个元件，选择其中某个焊盘，单击 Edit...按钮，可以修改该焊盘的各种参数；单击 Select 按钮，该焊盘处于选中状态，呈高亮显示；单击 Jump 按钮当前焊盘跳跃到屏幕中心放大显示。

3. 封装库(Libraries)浏览器

封装库浏览器如图6-6(c)所示，其使用方法与原理图元件库浏览器的使用方法相同。其主要有以下功能：

(1) 加载/卸载封装库。单击 Add/Remove...按钮进行加载/卸载封装库的操作。

(2) 浏览元件封装库。

方法 1：直接浏览。

方法 2：单击 Browse 按钮进入封装库中浏览。

(3) 编辑元件封装。选择一个元件封装，单击 Edit...按钮进行元件封装的编辑与修改。

(4) 放置元件封装。选择一个元件封装，单击 Place 按钮将元件封装放置到打开的 PCB 文件中。

4. 违反规则信息(Violations)浏览器

违反规则信息浏览器如图 6-6(f)所示，可以查看当前电路板中的违反规则信息，方便及时修改。

5. 设计规则(Rules)浏览器

设计规则浏览器如图 6-6(g)所示，可以查看及修改当前电路板中的设计规则。

四、画面显示和坐标原点

1. 画面显示

设计者在进行电路板图的设计时，经常用到对工作窗口中的画面进行放大、缩小、刷新或局部显示等操作，以方便设计者的工作。这些操作既可以使用主工具栏中的图标，也可以使用菜单命令或快捷键。具体操作方法与电路原理图编辑器一样。

画面显示常用的命令如下：

(1) 执行菜单命令 View | Fit Board，在工作窗口显示整个电路板，但不显示电路板边框外的图形。

(2) 执行菜单命令 View | Fit Document 或单击主工具栏中的 按钮，可将整个图形文件在工作窗口中显示。如果电路板边框外有图形，也同时显示出来。

(3) 执行菜单命令 View | Refresh 或使用快捷键 END 键，可以刷新画面，可清除因移动元件等操作留下的残痕。

(4) 执行菜单命令 View | Board in 3D 或单击主工具栏中的 按钮，可以显示整个印制电路板的 3D 模型，一般在电路布局或布线完毕后，使用该功能观察元件的布局或布线是否合理。

2. 坐标原点

在 PCB 编辑器中，系统已经定义了一个坐标系，坐标原点称为 Absolute Origin(绝对原点)，位于电路板图的左下角，一般在工作区的左下角附近设计印制电路板。用户可根据需要自己定义坐标系，只需设置用户坐标原点，该坐标原点称为 Relative Origin(相对原点)，或称为当前原点。

单击放置工具栏中的 按钮，或执行菜单命令 Edit | Origin | Set，光标变成十字形，移动光标到要设置坐标原点的位置，单击鼠标左键，则该点即设置为新的坐标原点。若要恢复到绝对坐标原点，执行菜单命令 Edit | Origin | Reset 即可。

五、PCB 编辑器的工具栏

(1) 主工具栏。PCB 编辑器的主工具栏如图 6-7 所示。

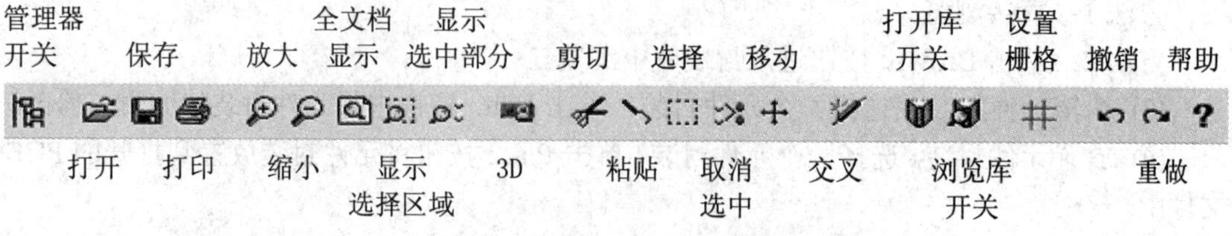

管理器		全文档	显示					打开库	设置		
开关	保存	放大	显示	选中部分	剪切	选择	移动	开关	栅格	撤销	帮助

打开	打印	缩小	显示	3D	粘贴	取消	交叉	浏览库		重做
			选择区域			选中		开关		

图 6-7　PCB 编辑器的主工具栏

(2) 放置工具栏。放置工具栏(Placement Tools)在项目六任务二中有详细的介绍。

(3) 元件位置调整工具栏。元件位置调整工具栏(Component Placement)在项目七任务二中有详细的介绍。

(4) 调用工具栏：

方法 1：执行菜单命令 View | Toolbars，选择需要调用的工具栏。

方法 2：在 PCB 文件的编辑区中单击鼠标左键，然后按键盘上的"B"键出现快捷菜单，选择需要调用的工具栏。

六、PCB 设计环境的设置

1. 栅格和计量单位设置

执行菜单命令 Design | Options...，在系统弹出的对话框中选择 Options 选项卡，系统弹出如图 6-8 所示的栅格设置对话框。

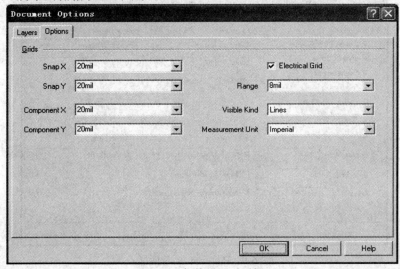

图 6-8　栅格设置对话框

(1) 栅格设置。其用于设置捕捉栅格(Snap)、元件移动栅格(Component)的间距。使用 Snap X 和 Snap Y 两个下拉列表框，可设置在 X 和 Y 方向的捕捉栅格的间距；或单击主工具栏的 ⊞ 按钮，在弹出的捕捉栅格设置对话框中输入捕捉栅格的间距。使用 Component X 和 Component Y 两个下拉列表框，可设置元件在 X 和 Y 方向的移动间距。

(2) 可视栅格类型设置。可视栅格是系统提供的一种在屏幕上可见的栅格。通常可视栅格的间距为一个捕捉栅格的距离或是其数倍。Protel 99 SE 提供 Dots(点状)和 lines(线状)两种显示类型。系统默认线状栅格。

(3) 电气栅格设置。电气栅格主要是为了支持 PCB 的布线功能而设置的特殊栅格。选中 Electrical Grid 复选框，表示启动电气栅格的功能，只要将某个导电对象(如导线、焊盘等)移到另外一个导电对象的电气栅格范围内，光标就会自动跳到另外一个导电对象上。Range(范围)用于设置电气栅格的间距，一般比捕捉栅格的间距小一些才行。

(4) 计量单位设置。Protel 99 SE 提供了 Imperial(英制)和 Metric(公制)两种计量单位，系统默认为英制。电子元件的封装基本上都采用英制单位，如双列直插式集成电路的两个相邻焊盘的中心距为 100 mil。所以，设计时的计量单位最好选用英制。英制的默认单位为 mil(毫英寸)；公制的默认单位为 mm(毫米)，它们的换算关系是：

100 mil = 2.54 mm(其中 1000 mil = 1 inch)

设置方法：执行菜单命令 Design｜Options...，系统弹出 Document Options 对话框，在 Options 选项卡中的 Measurement Unit 区域选：Imperial(英)/Metric(公)。

执行菜单命令 View｜Toggle Units 或按快捷键 Q 都能实现英制和公制的切换。转换后工作区坐标的单位和其他长度信息的单位都会转换为 mm(公)或 mil(英)。

2. 工作参数设置

Protel 99 SE 提供的 PCB 工作参数包括 6 个部分，可根据实际需要和自己的喜好来设置这些工作参数，建立一个自己喜欢的工作环境。

执行菜单命令 Tools｜Preferences...，弹出如图 6-9 所示的 Preferences 对话框。

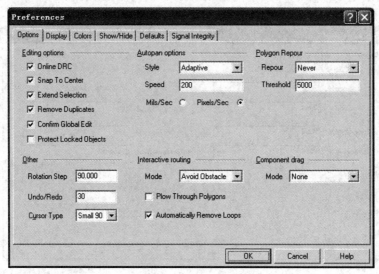

图 6-9　Preferences 对话框

(1) Options(选项)选项卡。单击 Options 选项卡，如图 6-9 所示。

Autopan options(自动移边)选项区域：系统默认值为 Adaptive(自适应模式)，以 Speed 文本框的设定值来控制移边操作的速度，设定的值大则移边速度快，设定的值小则移边速度慢，默认值为 1200，可改为 200。

Component drag (元件拖动模式)选项区域：Mode 下拉列表框中默认为 None，表明在拖动元件时只拖动元件本身；若选择 Connected Track，则在拖动元件时该元件的连线也跟着移动。

Other (其他)选项区域：

Rotation Step：设置元件的旋转角度，默认值为 90°；

Undo/Redo：设置撤销/复做命令可执行的次数，默认值为 30 次；

Cursor Type：设置光标形状，有 Large 90(大十字线)、Small 90(小十字线)、Small 45(小叉线)三种。最好选用大十字光标，方便绘图时对齐。

(2) Display (显示)选项卡。单击 Display 选项卡，如图 6-10 所示。此选项卡用于设置显示状态。其中 Pad Nets 用于设置显示焊盘的网络名；Pad Numbers 用于设置显示焊盘号；Via Nets 用于设置显示过孔的网络名，为了布局、布线时方便查对电路，一般都要选中。

Strings 的默认值为 11，可改小，这样容易在 PCB 中看清各元件的标号等文字，方便有目的的操作，可改为 4。

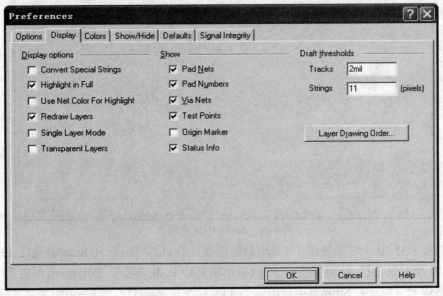

图 6-10 Display 选项卡

(3) Colors(颜色)选项卡。此选项卡主要用于调整各板层和系统对象的显示颜色，如图 6-11 所示。

在 PCB 设计中，由于工作层数多，为区分不同工作层上的线，必须将各工作层设置为不同颜色。无特殊需要，最好不要改动颜色设置，否则带来不必要的麻烦。若改动后想恢复，可单击 Default Colors(默认颜色，设计环境底色是淡黄色)或 Classic Colors(传统颜色，设计环境底色是黑色)按钮加以恢复。Classic Colors 方案为系统的默认选项。

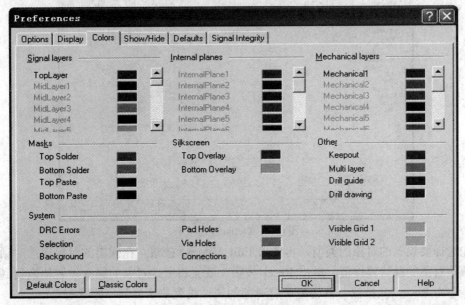

图 6-11 Colors 选项卡

(4) Show/Hide(显示/隐藏)选项卡。单击 Show/Hide 选项卡，如图 6-12 所示。

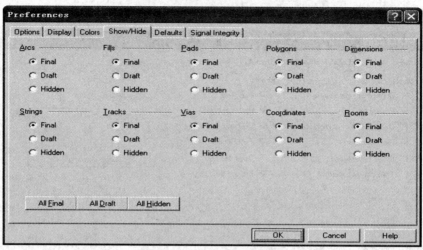

图 6-12　Show/Hide 选项卡

此选项卡对 10 个对象提供了 Final(最终图稿)、Draft(草图)和 Hidden(隐藏)三种显示模式。这 10 个对象包括 Arcs(弧线)、Fills(矩形填充)、Pads(焊盘)、Polygons(多边形填充)、Dimensions(尺寸标注)、Strings(字符串)、Tracks(导线)、Vias(过孔)、Coordinates(坐标标注)、Rooms(布置空间)。使用 All Final、All Draft 和 All Hidden 三个按钮，可分别将所有元件设置为最终图稿、草图和隐藏模式。系统默认设置为 Final 模式，对象显示效果最好，最好不要改动；若设置为 Draft 模式，对象显示效果较差；设置为 Hidden 模式，对象不会在工作窗口显示。

(5) Defaults(默认)选项卡。单击 Defaults 选项卡，如图 6-13 所示。此选项卡主要用于设置各电路板对象的默认属性值。

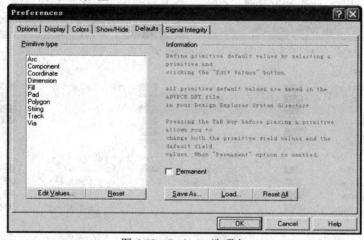

图 6-13　Defaults 选项卡

先选择要设置的对象的类型，再单击 Edit Values...按钮，在弹出的对象属性对话框中可调整该对象的默认属性值。单击 Reset 按钮，就会将所选对象的属性设置值恢复到原始状态。单击 Reset All 按钮，就会把所有对象的属性设置值恢复到原始状态。

(6) Signal Integrity(信号完整性)选项卡。此选项卡主要用于设置信号的完整性，通过该选项卡可以设置元件标号和元件类型之间的对应关系，为信号完整性分析提供信息。

七、PCB 的工作层

印制电路板呈层状结构，在 Protel 99 SE 中进行 PCB 设计时，程序提供了多个工作层。

执行菜单命令 Design｜Options...，系统弹出如图 6-14 所示的 Document Options 对话框。

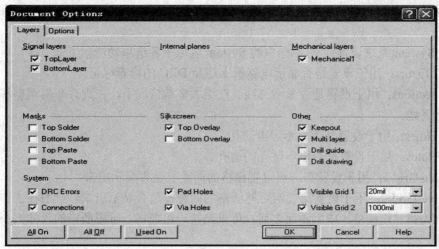

图 6-14　Document Options 对话框

1. 工作层的类型

(1) Signal layers(信号层)。信号层主要用于放置电路板上的导线。Protel 99 SE 提供了 32 个信号层，包括 TopLayer(顶层)、BottomLayer(底层)和 30 个 MidLayer(中间层)。中间层位于顶层与底层之间，只能布设铜膜导线，在实际的电路板中是看不见的。

(2) Internal planes(内电层)。Protel 99 SE 提供了 16 个内电层。该类型的层仅用于多层板(四层以上)，主要用于布置电源线和接地线。通常所说的双层板、四层板、六层板等一般是指信号层和内电层的总数目。

(3) Mechanical layers(机械层)。Protel 99 SE 提供了 16 个机械层，一般用于设置电路板的外形尺寸、数据标记、对齐标记、装配说明及其他机械信息。

(4) Masks(涂覆层)。

① Solder(阻焊层)。为了让电路板适应波峰焊等机器焊接形式，要求电路板上非焊接处的铜箔不能粘锡，所以在焊盘以外的各部位都要涂覆一层涂料，如阻焊漆，用于阻止这些部位上锡。阻焊层是自动产生的。Protel 99 SE 提供了 Top Solder(顶层阻焊)和 Bottom Solder(底层阻焊)两个阻焊层。

② Paste(锡膏层)。锡膏层的作用是只在焊盘上涂覆一层焊锡，方便元件的焊接。Protel 99 SE 提供了 Top Paste(顶层锡膏)和 Bottom Paste(底层锡膏)两个锡膏层。

(5) Silkscreen(丝印层)。丝印层主要用于放置印制信息，如元件的外形轮廓和元件标注、各种注释字符等。Protel 99 SE 提供了 Top Overlay(顶层丝印)和 Bottom Overlay(底层丝印)两个丝印层。

(6) Keep Out(禁止布线层)。禁止布线层用于定义在电路板上能够有效放置元件和布线的区域。在该层绘制一个封闭区域作为布线有效区，在该区域外是不能自动布局和布线的。

(7) Multi layer(多层)。电路板上焊盘和穿透式过孔要穿透整个电路板，与不同的导电图形层建立电气连接关系，因此系统专门设置了一个抽象的层——多层。一般焊盘与过孔都要设置在多层上，如果关闭此层，焊盘与过孔就无法显示出来。

(8) Drill layers(钻孔层)。钻孔层提供电路板制造过程中的钻孔信息(如焊盘、过孔就需要钻孔)。Protel 99 SE 提供了 Drill guide(钻孔指示图)和 Drill drawing(钻孔图)两个钻孔层。

(9) System(系统设置)。对话框中的 System 区域下各选项功能如下：

DRC Errors：用于设置是否显示电路板上违反 DRC 的检查标记。

Connections：用于设置是否显示飞线。在绝大多数情况下，在进行布局调整和布线时都要显示飞线。

Pad Holes：用于设置是否显示焊盘通孔。

Via Holes：用于设置是否显示过孔的通孔。

Visible Grid 1：用于设置第一组可视栅格的间距及是否显示出来。

Visible Grid 2：用于设置第二组可视栅格的间距及是否显示出来。一般在工作窗口看到的栅格为第二组栅格，放大画面之后，可见到第一组栅格。可视栅格的尺寸大小也可在其中设置。

2．工作层的设置

在 Protel 99 SE 中，系统默认打开的信号层仅有顶层和底层，在实际设计时应根据需要自行定义工作层的数目。

(1) 设置信号层、内电层。执行菜单命令 Design | Layer Stack Manager...，可进入如图 6-15 所示的 Layer Stack Manager(工作层堆栈管理器)对话框。

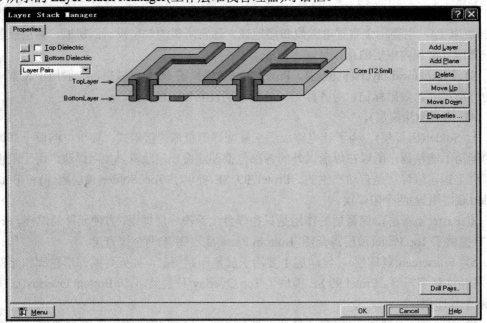

图 6-15　Layer Stack Manager(工作层堆栈管理器)对话框

　　选中 TopLayer，用鼠标单击对话框右上角的 Add Layer(添加层)按钮，就可在顶层之下添加一个信号层的中间层(MidLayer)，共可添加 30 个中间层。单击 Add Plane 按钮，可添加一个内电层，共可添加 16 个内电层。

　　如果要删除某个工作层，可以先选中该层，然后单击对话框中 Delete 按钮。单击 Move Up 按钮或 Move Down 按钮可以调节工作层面的上下关系。

　　如果要编辑某个工作层，可以先选中该层，单击 Properties...(属性)按钮，可设置该层的 Name(名称)和 Copper thickness(覆铜厚度)，如图 6-16 所示。

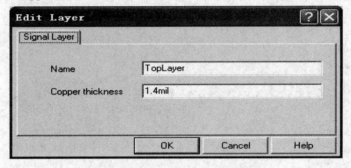

图 6-16　Edit Layer(工作层编辑)对话框

　　单击图 6-15 中右下角的 Drill Pairs...按钮，可以对钻孔层进行管理和编辑。

　　另外，系统还提供一些电路板实例样板供用户选择。单击图 6-15 中左下角的 Menu 按钮，在弹出的菜单中选择 Example Layer Stacks，通过它的子菜单可选择具有不同层数的电路板样板，例如选择 4 层板(2 个信号层，2 个内电层)，如图 6-17 所示。

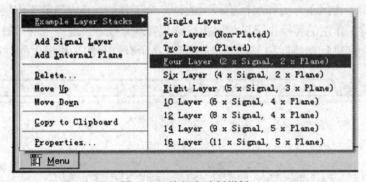

图 6-17　选择电路板样板

　　(2) 设置机械层。执行菜单命令 Design | Mechanical Layers...，进入如图 6-18 所示的 Setup Mechanical Layers(机械层设置)对话框，其中已经列出 16 个机械层。单击某复选框，可打开相应的机械层，并可设置层的名称、是否可见、是否在单层显示时放到各层等参数。

　　(3) 工作层的打开与关闭。在图 6-14 所示的 Document Options 对话框中，单击 Layers 选项卡，可以发现每个工作层前都有一个复选框。如果相应工作层前的复选框被选中(√)，则表明该层被打开，否则该层处于关闭状态。用鼠标左键单击 All On 按钮，将打开所有的层；单击 All Off 按钮，所有的层将被关闭；单击 Used On 按钮，可打开常用的工作层。

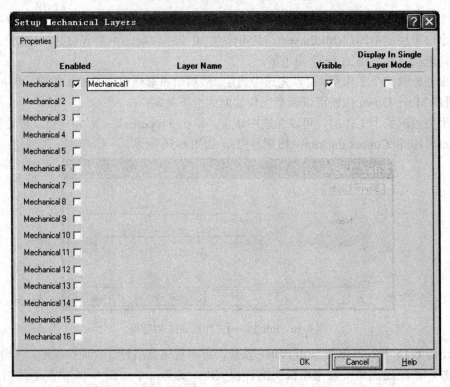

图 6-18   Setup Mechanical Layers(机械层设置)对话框

(4) 当前工作层的选择。在进行布线时，必须选择相应的工作层，设置当前工作层可以用鼠标左键单击工作区下方工作层标签栏上的某一个工作层，完成当前工作层的转换，如图 6-19 所示。当前工作层的转换也可以使用快捷键来实现，按下小键盘上的 * 键，可以在所有打开的信号层之间进行切换；按下+键和－键可以在所有打开的工作层之间进行切换。

图 6-19   选择当前工作层

任务二   PCB 编辑器的基本操作

一、定义电路板

在 PCB 设计中，首先要定义电路板，即定义印制电路板的工作层和电路板的大小。定义电路板有直接定义电路板和使用向导定义电路板两种方法。

1. 物理边界和电气边界

定义电路板的大小需要定义电路板的物理边界和电气边界。

(1) 物理边界。物理边界是指电路板的机械外形和尺寸。Protel 99 SE 系统提供了 16 个机械层，比较合理的定义方法是在一个机械层上绘制电路板的物理边界，而在其他机械层上放置物理尺寸、队列标记和标题信息等。一般在 Mechanical1 或 Mechanical4 中来绘制电路板的物理边界。

(2) 电气边界。电路板的电气边界是指在电路板上设置的元件布局和布线的范围。电气边界一般定义在禁止布线层(Keep OutLayer)上。禁止布线层是一个对于电路板自动布局、自动布线非常有用的层，它用于限制布局、布线的范围。为了防止元件的位置和布线过于靠近电路板的边框，电路板的电气边界要小于物理边界，如电气边界距离物理边界 50 mil。

一般情况下，也可以不确定物理边界，而用电路板的电气边界来替代物理边界。

2. 直接定义电路板

(1) 设置电路板工作层。启动 Protel 99 SE，建立设计数据库，新建 PCB 文件。这样建立的 PCB 文件具有如下工作层的双层板(具有两个信号层)。

① 顶层(TopLayer)：顶层信号层，用于顶层布线和焊接。

② 底层(BottomLayer)：底部信号层，用于底层布线和焊接。

③ 机械层 1(Mechanical1)：用于确定电路板的物理边界，也就是电路板的边框。

④ 顶层丝印层(TopOverlay)：放置元件的轮廓、标注及一些说明文字。

⑤ 禁止布线层(KeepOutLayer)：用于确定电路板的电气边界。

⑥ 多层(MultiLayer)：用于显示焊盘和过孔。

(2) 设置电路板边缘尺寸。用电路板的电气边界来设置电路板边缘尺寸，把当前工作层切换为 KeepOutLayer，执行菜单命令 Place | Line，或单击放置工具栏的 ≈ 放置直线按钮，放置直线，绘制出电路板的电气边界。

3. 使用向导定义电路板

使用系统提供的电路板生成向导来定义电路板会带来许多方便，操作步骤如下：

(1) 启动电路板向导。执行菜单命令 File | New...，在弹出的 New Document 对话框中选择 Wizards 选项卡，如图 6-20 所示。

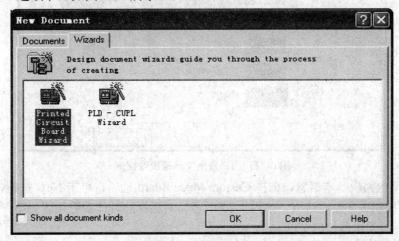

图 6-20 新建文件的 Wizards 选项卡

(2) 进入电路板向导。选择 Printed Circuit Board Wizard(印制电路板向导)图标，单击 OK 按钮，将进入如图 6-21 所示的电路板向导对话框。

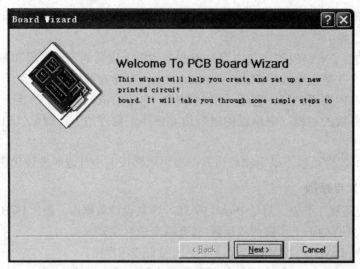

图 6-21　电路板向导对话框

(3) 选择预定义标准板。单击 Next 按钮，将进入如图 6-22 所示的选择预定义标准板对话框。在列表框中可以选择系统已经预先定义好的板卡的类型。若选择 Custom Made Board，则采用作者自行定义的电路板尺寸等参数。若选择其他选项，则直接采用现成的标准板。同时可以选择电路板的尺寸单位(Units)，提供 Metric(公制)和 Imperial(英制)两种计量单位，系统默认为英制。

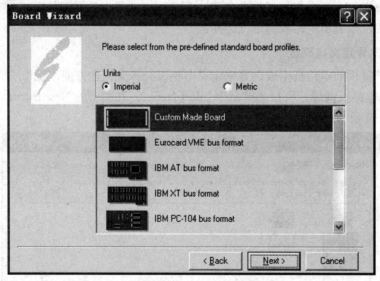

图 6-22　选择预定义标准板对话框

(4) 定义电路板基本信息。选择 Custom Made Board 选项，单击 Next 按钮，系统进入自定义电路板相关参数对话框，如图 6-23 所示。对话框的具体参数设置如下：

Width：设置电路板的宽度。

Height：设置电路板的高度。

Rectangular：设置电路板的形状为矩形，需确定宽和高这两个参数。

Circular：设置电路板的形状为圆形，需确定半径这个参数。

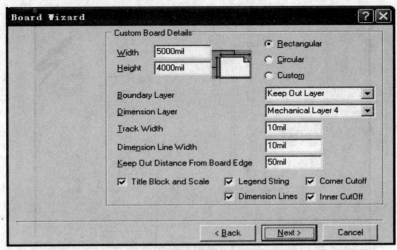

图 6-23 自定义电路板相关参数对话框

Custom：自定义电路板的形状。

Boundary Layer：设置电路板边界所在层，默认为 Keep Out Layer。

Dimension Layer：设置电路板的尺寸标注所在层，默认为 Mechanical Layer 4。

Track Width：设置电路板边界走线的宽度。

Dimension Line Width：设置尺寸标注线宽度。

Keep Out Distance From Board Edge：设置从电路板物理边界到电气边界之间的距离尺寸。

Title Block and Scale：设置是否显示标题栏。

Legend String：设置是否显示图例字符。

Dimension Lines：设置是否显示电路板的尺寸标注。

Corner Cutoff：设置是否在电路板的四个角的位置开口。该项只有在电路板设置为矩形板时才可设置。

Inner CutOff：设置是否在电路板内部开口。该项只有在电路板设置为矩形板时才可设置。

设置完成后，系统将进入几个有关电路板尺寸参数设置的对话框，对所定义的电路板的形状、尺寸加以确认或修改，如图 6-24～图 6-26 所示。

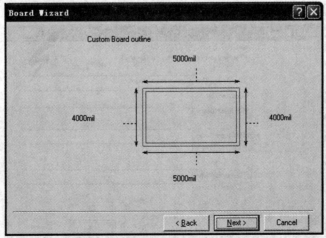

图 6-24 设置电路板的边框尺寸

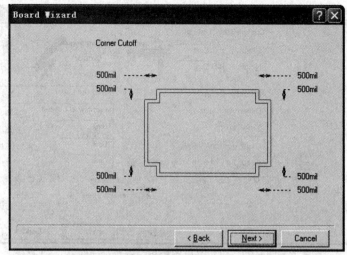

图 6-25　设置电路板的四个角的开口尺寸

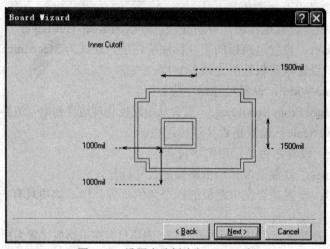

图 6-26　设置电路板内部开口尺寸

设置完毕，如果图 6-23 中的 Title Block and Scale 复选框被选中，系统将进入如图 6-27 所示的对话框，可输入电路板的标题块信息。

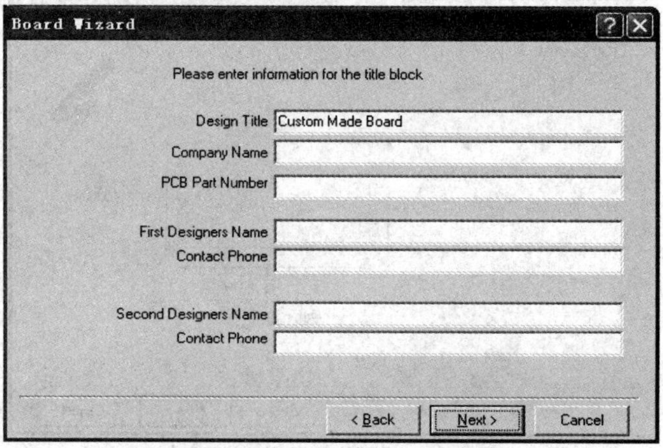

图 6-27　输入电路板的标题块信息

(5) 定义电路板工作层。单击 Next 按钮，将进入如图 6-28 所示的对话框，可设置信号层的层数和类型以及电源/接地层的数目。各项含义如下：

Two Layer-Plated Through Hole：两个信号层，通孔电镀。

Two Layer-Non Plated：两个信号层，通孔不电镀。

Four Layer：4 层板。

Six Layer：6 层板。

Eight Layer：8 层板。

Specify the number of Power/Ground planes that will be used in addition to the layers above：选取内部电源/接地层的数目，包括 Two(两个)、Four(四个)和 None(无)三个选项。

注意：该电路板不支持单层板。

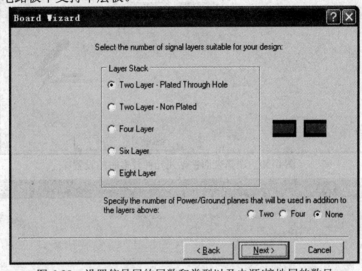

图 6-28　设置信号层的层数和类型以及电源/接地层的数目

(6) 设置过孔类型。单击 Next 按钮，将进入如图 6-29 所示的对话框，可设置过孔类型(穿透式过孔、盲过孔和隐藏过孔)。对于双层板，只能使用穿透式过孔。

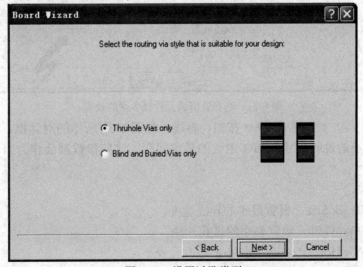

图 6-29　设置过孔类型

(7) 选择元件形式。单击 Next 按钮，将进入如图 6-30 所示的对话框，可设置将要使用的布线技术。根据电路板中针脚式元件和表面粘贴式元件哪一个较多进行选择。如选择表面粘贴式元件(Surface-mount components)较多时，还要设置元件是否在电路板的两面放置，如图 6-30 所示；如选择针脚式元件(Through-hole components)较多时，还要设置允许在两个焊盘之间穿过导线的数目，如图 6-31 所示，有 One Track、Two Track 和 Three Track 三个选项。

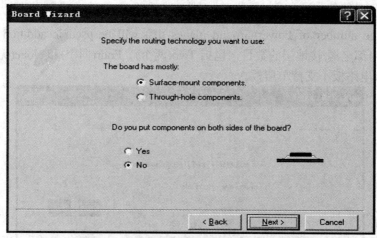

图 6-30　选择表面粘贴式元件较多时的设置

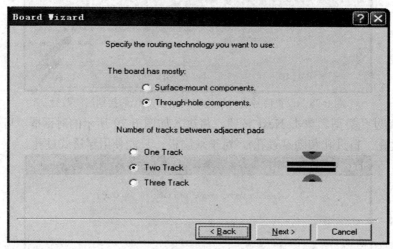

图 6-31　选择针脚式元件较多时的设置

(8) 设置走线参数。单击 Next 按钮，将进入如图 6-32 所示的对话框，可设置最小的导线宽度、最小的过孔尺寸和相邻走线的最小间距。这些参数都会作为自动布线的参考数据。

设置参数如下：

Minimum Track Size：设置最小的导线宽度。

Minimum Via Width：设置最小的过孔外径。

Minimum Via HoleSize：设置最小的过孔孔径。

Minimum Clearance：设置相邻走线的最小间距。

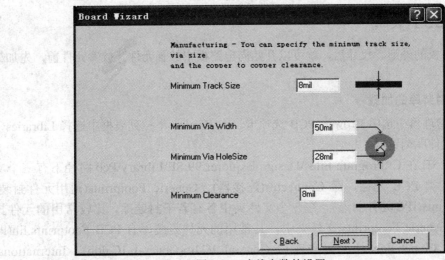

图 6-32　走线参数的设置

(9) 保存模板。单击 Next 按钮，进入是否作为模板保存的对话框，如图 6-33 所示。如果选择此项，再输入模板名称和模板的文字描述。

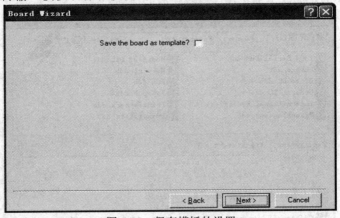

图 6-33　保存模板的设置

(10) 设置完成。单击 Next 按钮，进入设置完成对话框，如图 6-34 所示，单击 Finish 按钮结束，该电路板即定义完毕，生成设置所需的电路板。

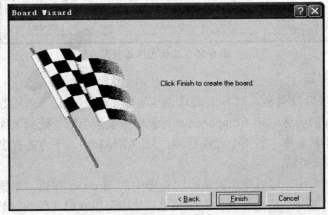

图 6-34　设置完成

二、加载 PCB 封装库

确定电路板的外形、尺寸后，就可以开始向电路板中放置元件。放置元件前，先加载 PCB 封装库。

1. PCB 封装库的加载

在 PCB 管理器中选中 Browse PCB 选项卡，在 Browse 下拉列表框中选择 Libraries，将其设置为元件库浏览器。

Protel 99 SE 在 C:\Program Files\Design Explorer 99 SE\Library\Pcb 路径下有三个文件夹，提供三类 PCB 元件，即 Connector(连接器)、Generic Footprints(通用元件封装)和 IPC Footprints(IPC 元件封装)。在三个文件夹中各有若干封装库，比较常用的元件封装库主要在 Generic Footprints 文件夹中，其常用的元件封装库有 PCB Footprints.lib(即默认已加载 Advpcb.ddb 中的封装库)、General IC.lib(General IC.ddb)、International Rectifiers.lib (International Rectifiers.ddb)、Miscellaneous.lib(Miscellaneous.ddb)、Transistors.lib (Transistors.ddb)等。

图 6-35 显示的是加载了上述元件封装库后的情况。

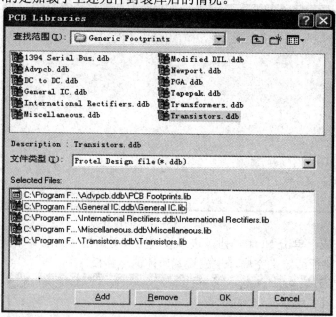

图 6-35　加载元件封装库

2. 浏览元件封装

打开了某个 PCB 文件后，PCB 封装库浏览器的 Libraries 栏下方的封装库列表框中显示已加载的封装库的名称，在 Components 列表框中显示当前所选封装库中所有的元件封装名称。选中某个封装库中的某个元件封装，如 AXIAL0.4，下方的视窗中将出现此元件封装图，如图 6-6(c)所示。

如果觉得视窗太小，可以单击封装库浏览器中的 Browse 按钮，系统弹出浏览封装库对话框，如图 6-36 所示，可进行元件封装浏览，从中可以获得元件的封装图，窗口右下角的三个按钮可用来调节图形显示的大小。

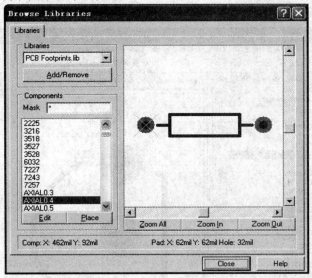

图 6-36　浏览封装库对话框

三、PCB 封装库加载不了的解决方法

　　Protel 99 SE 在 Win7、Win8 等系统中使用时，会发现按上述方法 PCB 封装库加载不了。想要调用相应 PCB 封装库中的元件，可在同一 Protel 99 SE 界面下用主工具栏的打开按钮打开相应的 PCB 封装库，就等于为 PCB 编辑器加载了该 PCB 封装库，在其中找到相应的元件封装放置到 PCB 中就可以了。

四、在 Protel 99 SE 界面下打开软件自带的 PCB 封装库

　　以打开 C:\Program Files\Design Explorer 99 SE\Library\Pcb\Generic Footprints\Transistors.ddb\Transistors.lib 为例，介绍在 Protel 99 SE 界面下打开软件自带的 PCB 封装库的方法。

　　在 Protel 99 SE 界面下单击主工具栏的 按钮，弹出 Open Design Database 对话框，如图 6-37 所示，找到 Transistors.ddb 单击选中，再单击打开按钮。Transistors.ddb 中有 1 个 PCB 封装库 Transistors.lib，双击打开。

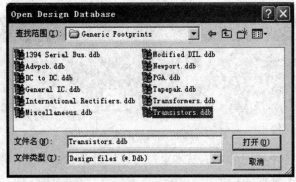

图 6-37　Open Design Database 对话框

图 6-38 的界面是打开的 PCB 封装库 Transistors.lib，找到封装 TO92C 单击选中，再单击 Place 按钮就可将封装 TO92C 放到打开的 PCB 中。

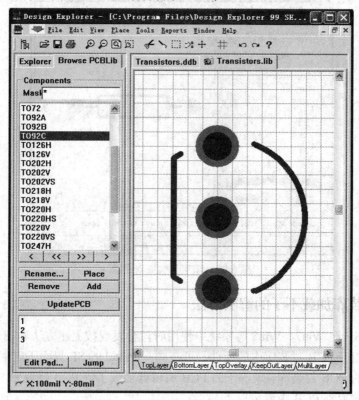

图 6-38　　Transistors.lib 中的封装 TO92C

五、放置 PCB 设计的对象

在电路板上放置元件封装、焊盘、过孔等设计对象，通过执行主菜单 Place 中的各项命令来实现，还可以通过 Protel 99 SE 提供的 Placement Tools(放置工具栏)来进行。

1. 放置工具栏

Protel 99 SE 的 PCB 编辑器的绘图工具包在放置工具栏(Placement Tools)中，打开或关闭放置工具栏的方法：执行菜单命令 View | Tools | Placement Tools，打开的工具栏如图 6-39 所示。

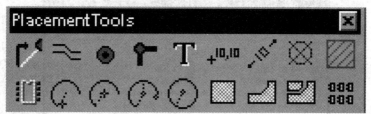

图 6-39　　PCB 编辑器的放置工具栏

放置工具栏中的各个按钮的功能基本上都可以通过菜单命令来实现，主要是菜单 Place 中相应选项，如表 6-1 所示。

表 6-1　放置工具栏(Placement Tools)的按钮功能

按钮	功　能	菜单命令	按钮	功　能	菜单命令
	绘制导线 (电气连接线)	Place | Interactive Routing		放置元件封装	Place | Component...
	放置直线 (非电气连接线)	Place | Line		边缘法绘制圆弧	Place | Arc(Edge)
	放置焊盘	Place | Pad		中心法绘制圆弧	Place | Arc(Center)
	放置过孔	Place | Via		边缘法绘制 任意圆弧	Place | Arc(Any Angle)
	放置字符串	Place | String		绘制整圆	Place | Full Circle
	放置位置坐标	Place | Coordinate		放置矩形填充	Place | Fill
	放置尺寸标注	Place | Dimension		放置多边形填充	Place | Polygon Plane
	设置坐标原点	Edit | Origin | Set		划分内电层	Place | Split Plane...
	放置空间	Place | Room		阵列粘贴	Edit | Paste Special...

2. 放置元件封装

(1) 通过放置工具栏或菜单放置。单击放置工具栏的 按钮，或执行菜单命令 Place \| Component...，可放置元件的封装。系统弹出放置元件对话框，在 Footprint 文本框中输入元件封装的名称，如果不知道，可单击 Browse 按钮去封装库中浏览；在 Designator 文本框中输入元件的标号；在 Comment 文本框中输入元件的型号或标称值，如图 6-40 所示。单击 OK 按钮放置封装。

放置元件封装后，系统再次弹出放置元件对话框，可继续放置元件封装。单击 Cancel 按钮，退出放置状态。

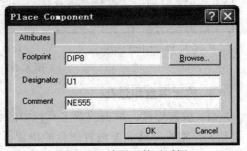

图 6-40　放置元件对话框

(2) 通过封装库浏览器直接放置。从图 6-6(c)所示的封装库浏览器中选中元件后，单击右下角的 Place 按钮，光标便会跳到工作区中，同时还带着该元件的封装，将光标移到合适位置后，单击鼠标左键，放置该元件封装。这种方法较为常用，但必须知道所要放置的元件封装在哪个封装库中。

在放置元件的命令状态下按下 Tab 键，或双击已放置的元件封装，系统弹出如图 6-41 所示的元件属性对话框，在该对话框中可以设置元件属性。

Properties 选项卡的参数说明如下：

Designator：设置元件的标号。

Comment：设置元件的型号或标称值。

Footprint：设置元件的封装。

Layer：设置元件所在的层。

Rotation：设置元件的旋转角度。

X-Location 和 Y-Location：元件所在位置的 X、Y 坐标值。

Lock Prims：选中此项，该元件封装图形不能被分解开。

Locked：选中此项，该元件被锁定，不能进行移动、删除等操作。

Selection：选中此项，该元件处于被选中状态，呈高亮显示。

图 6-41 中的 Designator 和 Comment 选项卡的功能是对元件这两个属性的进一步设置，较容易理解，这里不再赘述。

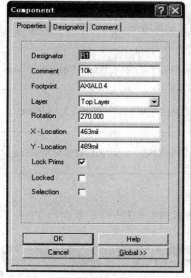 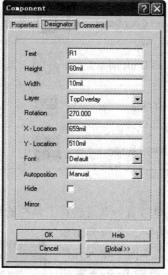 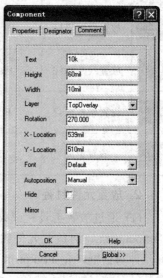

　　(a)　Properties 选项卡　　　　　(b)　Designator 选项卡　　　　　(c)　Comment 选项卡

图 6-41　元件属性对话框

3. 放置焊盘和过孔

（1）放置焊盘。单击放置工具栏中的 ● 按钮或执行菜单命令 Place | Pad，进入放置焊盘状态，将光标移到要放置焊盘的位置，单击鼠标左键，便放置了一个焊盘，焊盘中心有序号。这时光标仍处于命令状态，可继续放置焊盘。单击鼠标右键，退出放置状态。

在放置焊盘的命令状态下按下 Tab 键，或双击已放置的焊盘，系统弹出如图 6-42 所示的焊盘属性对话框，在该对话框中可以设置焊盘属性。

Properties 选项卡的参数说明如下：

Use Pad Stack 复选框：设定使用焊盘栈。选中此项，本栏将不可设置。焊盘栈就是在多层板中的同一焊盘在顶层、中间层和底层可各自拥有不同的尺寸与形状。

X-Size、Y-Size：设定焊盘在 X 和 Y 方向的尺寸。

Shape：选择焊盘形状。从下拉列表中可选择焊盘形状，有 Round(圆形)、Rectangle(正方形)和 Octagonal(八角形)。

Designator：设定焊盘的序号。

Hole Size：设定焊盘的通孔直径。

Layer：设定焊盘的所在层，系统默认选择 MultiLayer(多层)。

Rotation：设定焊盘旋转角度。

X-Location、Y-Location：设定焊盘在 X 和 Y 方向的坐标值。

Locked：选中此项，焊盘被锁定。

Selection：选中此项，焊盘处于选中状态。

Testpoint：将该焊盘设置为测试点，有两个选项，即 Top 和 Bottom。将焊盘设为测试点后，在焊盘上会显示 Top 或 Bottom Test Point 文本，且 Locked 属性同时被选中，使之被锁定。

在自动布线过程中，必须对独立的焊盘进行网络设置，这样才能完成布线。在焊盘属性对话框中选择 Advanced 选项卡，如图 6-42(b)所示，在 Net 下拉列表框中选定所需的网络后确认。

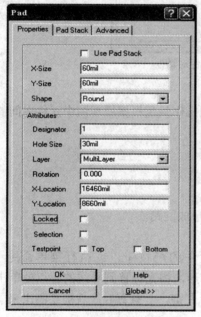

（a）Properties 选项卡　　　　（b）Advanced 选项卡

图 6-42　焊盘属性对话框

(2) 放置过孔。单击放置工具栏中的 ⬚ 按钮，或执行菜单命令 Place | Via，进入放置过孔状态，将光标移到放置过孔的位置，单击鼠标左键便放置了一个过孔。这时光标仍处于命令状态，可继续放置过孔。单击鼠标右键退出放置状态。

在放置过孔的过程中，按 Tab 键或双击已放置的过孔，系统弹出过孔属性对话框，如图 6-43 所示，在该对话框中可设置过孔的有关参数。

Diameter：设定过孔直径。

Hole Size：设置过孔的通孔直径。

Start Layer、End Layer：设定过孔的开始层和结束层的名称。

Net：设定该过孔属于哪个网络。

其他参数的设置方法与焊盘属性的设置基本类似。

图 6-43　过孔属性对话框

4. 放置导线

放置导线的过程就是人工布线的过程，布线操作就是根据原理图中元件之间的连接关系在各元件的焊盘之间放置导线。

(1) 布线的一般原则如下：

① 相邻导线之间要有一定的绝缘距离。

② 信号线在拐弯处不能走成锐角或直角。

③ 电源线和地线的布线要短、粗，且避免形成回路。

(2) 放置导线的方法。

① 放置直导线的方法：单击放置工具栏中的 ┏ 按钮，或执行菜单命令 Place｜Interactive Routing(交互式布线)，光标变成十字形，将光标移到导线的起点处单击鼠标左键；然后将光标移到导线的终点处，再单击鼠标左键，一条直导线就被绘制出来了，单击鼠标右键退出操作。

② 放置转折导线的方法：与放置直导线不同的是，当导线出现 90°或 45°转折时，在终点处要双击鼠标左键。在放置导线过程中，同时按下 Shift+空格键，可以切换导线转折方式，共有六种，分别是 45°转折、弧线转折、90°转折、圆弧角转折、任意角度转折和 1/4 圆弧转折。

③ 设置导线属性。在放置完导线后，双击该导线，弹出导线属性对话框，如图 6-44 所示。设置参数说明如下：

Width：导线宽度。

Layer：导线所在的层。

Net：导线所在的网络。

Locked：导线位置是否锁定。

Selection：导线是否处于选中状态。

Start-X、Start-Y：导线起点的 X 坐标、Y 坐标。

End-X、End-Y：导线终点的 X 坐标、Y 坐标。

Keepout：选取该复选框，则此导线具有电气边界特性。

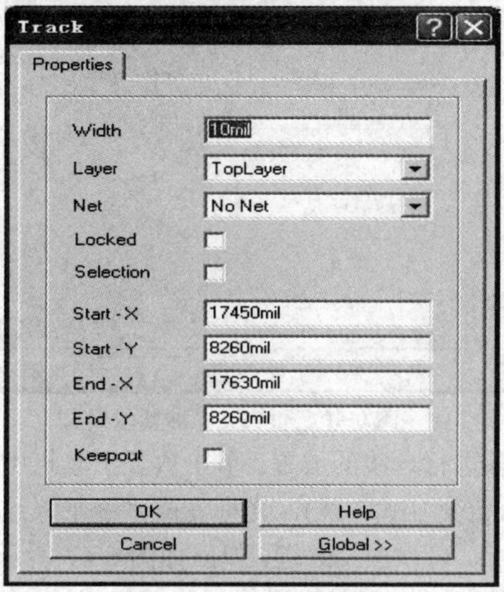

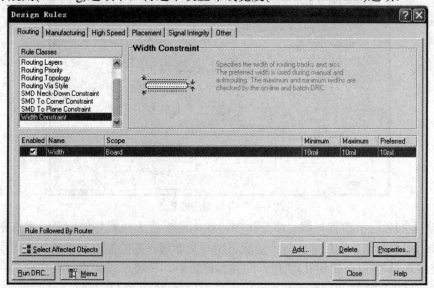

图 6-44　导线属性对话框

　　另一种设置导线属性的方法：先进行设计规则的设置，在 PCB 编辑器中，执行菜单命令 Design｜Rules...，系统弹出如图 6-45 所示的 Design Rules(设计规则)对话框，并选中布线设计规则(Routing)选项卡，再选中设置布线宽度(Width Constraint)选项。

图 6-45　Design Rules(设计规则)对话框

　　图中系统默认的布线宽度的最小值(Minimum Width)、最大值(Maximum Width)和首选值(Preferred Width)都为 10 mil，单击 Properties...按钮进行修改，比如把 Maximum Width

扩大到 50 mil，Preferred Width 扩大到 30 mil，如图 6-46 所示。

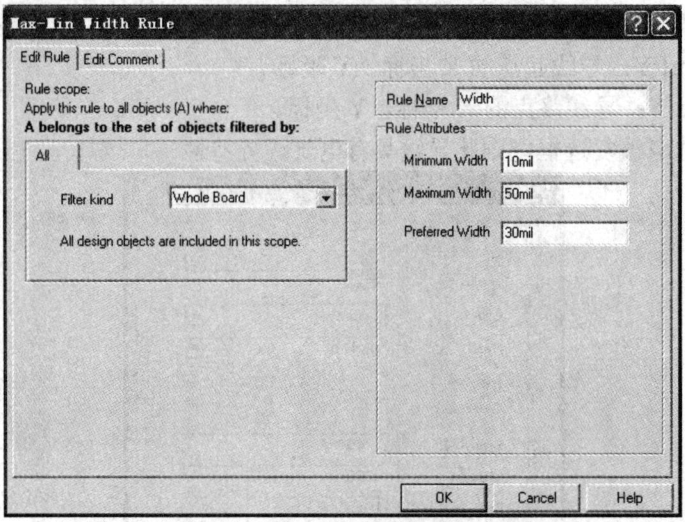

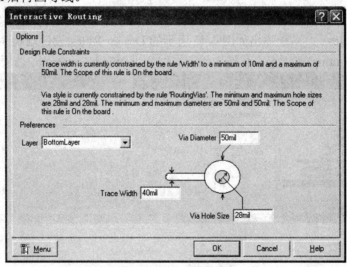

图 6-46   布线宽度的修改

完成上述设置后就可以进行导线的放置：单击放置工具栏中的 ⌐ 按钮，或执行菜单命令 Place｜Interactive Routing(交互式布线)，光标变成十字形，这时系统默认的导线宽度是 30 mil，如果要加粗到 40 mil，可以按 Tab 键，弹出如图 6-47 所示的对话框，把 Trace Width 值修改为 40 mil 后再画导线。

图 6-47   导线宽度的修改

④ 在不同板层上放置导线。多层板中，在不同板层上放置导线应采用垂直布线法，即一层采用水平布线，则相邻的另一层应采用垂直布线。在绘制电路板时，不同层之间铜膜线的连接依靠过孔(金属化孔)实现，即在多层板中，导线可以依靠过孔穿到另一层去，如上层导线可以依靠过孔穿到下层。

5. 放置连线

连线与导线是有所区别的。连线一般是在非电气层上绘制电路板边界、禁止布线边界等，它不能连接到网络上，绘制时不遵循布线规则。而导线是在电气层上元件的焊盘之间构成电气连接关系的连线，它能够连接到网络上，在自动布线时，系统采用放置交互式导线的方法。

单击放置工具栏的 ≈ 按钮，或执行菜单命令 Place | Line，放置连线的方法和连线的参数设置、编辑等操作与导线中所讲方法相同，可参考上述内容。

6. 放置矩形填充和铺铜

(1) 放置矩形填充。在印制电路板设计中，为提高系统的抗干扰性，以及根据地线尽量加宽原则和有利于元件散热，通常需要设置大面积的电源/地线区域，这可以用填充区来实现。矩形填充块可以放置于任何层上，若放置在信号层上，它代表一块铜箔，具有电气特性，经常在地线中使用；若放置在非信号层上，代表不具有电气特性的标志块。

单击放置工具栏中的 ▦ 按钮，或执行菜单命令 Place | Fill，光标变为十字形，将光标移到放置矩形填充的位置，单击鼠标左键，确定矩形填充的第一个顶点，然后拖动鼠标，拉出一个矩形区域，再单击鼠标左键，完成一个矩形填充的放置。

这时光标仍处于命令状态，可继续放置矩形填充，单击鼠标右键，退出放置状态。

(2) 放置铺铜。在高频电路中，为了提高 PCB 的抗干扰能力，通常使用大面积铜箔进行屏蔽，大面积铜箔的散热一般要对铜箔进行开槽，实际使用中可以通过放置多边形铺铜来解决开槽问题。

单击放置工具栏中的 ◢ 按钮，或执行菜单命令 Place | Polygon Plane...，弹出铺铜属性设置对话框，如图 6-48 所示。在对话框中设置有关参数后，单击 OK 按钮，光标变成十字形，进入放置铺铜状态。用鼠标画出一个封闭区域，程序自动在此区域内铺铜。

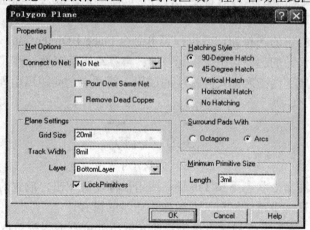

图 6-48　铺铜属性设置对话框

铺铜属性设置对话框的参数说明如下：

① Net Options 选项区域：设置铺铜与电路网络间的关系。

Connect to Net 下拉列表框：选择所隶属的网络名称。

Pour Over Same Net 复选框：该项有效时，在铺铜时遇到该网络就直接覆盖。

Remove Dead Copper 复选框：该项有效时，如果遇到死铜的情况就将其删除。把铺铜与已经设置的网络相连，而实际上没有与该网络相连的铺铜称为死铜。

② Plane Settings 选项区域。

Grid Size 文本框：设置铺铜的栅格间距。

Track Width 文本框：设置铺铜的线宽。

Layer 下拉列表框：设置铺铜所在的层。

③ Hatching Style 选项区域：设置铺铜的格式。

在铺铜中，共有五种不同的填充格式，如图 6-49 所示，其中前两种较为常用。

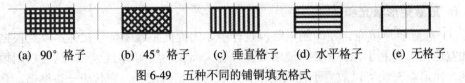

(a) 90° 格子　　(b) 45° 格子　　(c) 垂直格子　　(d) 水平格子　　(e) 无格子

图 6-49　五种不同的铺铜填充格式

④ Surround Pads With 选项区域：设置铺铜环绕焊盘的方式。

在铺铜属性设置对话框中，提供圆弧(Arcs)和八边形(Octagons)两种铺铜环绕焊盘的方式。

⑤ Minimum Primitive Size 选项区域：设置铺铜内最短的走线长度。

(3) 矩形填充与铺铜的区别。矩形填充与铺铜是有区别的。金属的矩形填充可将整个矩形区域以覆铜全部填满，同时覆盖区域内所有的导线、焊盘和过孔，使它们具有电气连接；而铺铜用覆铜填充时自动绕过多边形区域内所有电气连接的对象，不改变它们原有的电气特性。另外，直接拖动铺铜就可以调整其放置的位置，此时系统弹出一个 Confirm 提示框，询问是否重建。应该单击 Yes 按钮，要求重建，以避免发生信号短路现象。

7. 放置尺寸标注和坐标

(1) 放置尺寸标注。在 PCB 设计中，出于方便印制电路板制造的考虑，通常要标注某些尺寸的大小，如电路板的尺寸、特定元件外形间距等，一般尺寸标注放在机械层或丝印层上。

单击放置工具栏中的 按钮，或执行菜单命令 Place | Dimension，光标变成十字形，移动光标到要标注尺寸的起点，单击鼠标左键；再移动光标到要标注尺寸的终点，再次单击鼠标左键，即完成了两点之间尺寸标注的放置，而两点之间距离由程序自动计算得出，如图 6-50 所示。

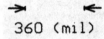

360 (mil)

图 6-50　放置尺寸标注

在放置尺寸标注命令状态下按 Tab 键，或用鼠标左键双击已放置的标注尺寸，在弹出的尺寸标注属性对话框中可以对有关参数作进一步的设置。

(2) 放置坐标。放置坐标的功能是将当前光标所处位置的坐标值放置在工作层上，一般放置在非电气层上。

单击放置工具栏中的 按钮，或执行菜单命令 Place | Coordinate，光标变成十字形，且有一个变化的坐标值随光标移动，将光标移到要放置的位置后单击鼠标左键，完成一次操作，如图 6-51 所示。放置好的坐标左下方有一个十字符号。这时光标仍处于命令状态，可继续放置坐标，单击鼠标右键退出放置状态。

18080,7380 (mil)

图 6-51　放置坐标

在放置坐标命令状态下按 Tab 键，或用鼠标左键双击已放置的坐标，在弹出的坐标属性对话框中同样可以对有关参数作进一步的设置。

8. 放置字符串

在制作电路板时，常需要在电路板上放置一些字符串，说明本电路板的功能、设计序号和生产时间等。字符串可以放置在机械层，也可以放置在丝印层。

单击放置工具栏的 **T** 按钮，或执行菜单命令 Place | String，光标变成十字形，且光标带有字符串。此时，按下 Tab 键，系统弹出字符串属性设置对话框，如图 6-52 所示。在对话框中可设置字符串的内容(Text)、大小(Hight、Width)、字体(Font)、旋转角度(Rotation)和是否镜像(Mirror)等参数。设置完毕后，单击 OK 按钮，将光标移到相应的位置，单击鼠标左键，完成一次放置字符串的操作。

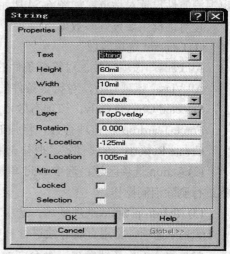

图 6-52　字符串属性设置对话框

此时，光标还处于命令状态，可继续放置，单击鼠标右键退出放置状态。

在字符串属性设置对话框中，最重要的属性是 Text，它用来设置在电路板上显示的字符串的内容(仅单行)。用户可以在框中直接输入要显示的内容，也可以从该下拉列表框选择系统设定好的特殊字符串。

9. 放置圆弧

单击放置工具栏的 　　　　 按钮，或执行菜单命令 Place | Arc(Edge)、Arc(Center)、Arc(Any Angle)、Full Circle，可以画各种圆弧。

在绘制圆弧状态下按 Tab 键，或用鼠标左键双击绘制好的圆弧，系统弹出圆弧属性设置对话框，如图 6-53 所示。

设置圆弧的主要参数如下：

Width：设置圆弧的线宽。

Layer：设置圆弧所在层。

Net：设置圆弧所连接的网络。

X-Center 和 Y-Center：设置圆弧的圆心坐标。

Radius：设置圆弧的半径。

Start Angle 和 End Angle：设置圆弧的起始角度和终止角度。

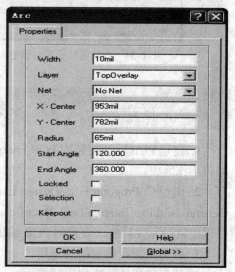

图 6-53　圆弧属性设置对话框

六、补充泪滴

为了增强电路板的铜膜导线与焊盘(或过孔)连接的牢固性，避免因钻孔而导致断线，需要将导线与焊盘(或过孔)连接处的导线宽度逐渐加宽，形状就像一个泪滴，所以这样的操作称为补充泪滴。补充泪滴时要求焊盘要比导线宽大。

选中要设置的焊盘或过孔，或选中导线或网络，执行菜单命令 Tools | Teardrops...，弹出泪滴属性设置对话框，如图 6-54 所示。

该对话框主要设置参数如下：

(1) General 选项区域。

All Pads：该项有效，对符合条件的所有焊盘进行补充泪滴操作。

All Vias：该项有效，对符合条件的所有过孔进行补充泪滴操作。

Selected Objects Only：该项有效，只对选取的对象进行补充泪滴操作。

Force Teardrops：该项有效，将强迫进行补充泪滴操作。

Create Report：该项有效，把补充泪滴操作数据存成一份 Rep 报表文件。

(2) Action 选项区域：选中 Add 单选项，将进行补充泪滴操作；选中 Remove 单选项，将进行删除泪滴操作。

(3) Teardrop Style 选项区域：选中 Arc 单选项，将用圆弧导线进行补充泪滴操作；选中 Track 单选项，将用直线导线进行补充泪滴操作。

最后单击 OK 按钮结束。补充泪滴后的效果如图 6-55 所示。

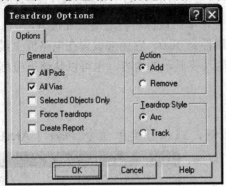　　　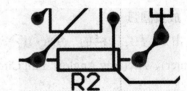

　　图 6-54　泪滴属性设置对话框　　　　　图 6-55　补充泪滴后的效果

练　习

1. 浏览 PCB 默认封装库 PCB Footprints.lib，找出 20 个以上常用元件封装，放置到 PCB 编辑工作区中。

2. 浏览 C:\Program Files\Design Explorer 99 SE\Library\Pcb\Generic Footprints 中的文件 General IC.ddb、International Rectifiers.ddb、Miscellaneous.ddb、Transistors.ddb，找出 20 个以上常用元件封装，放置到 PCB 编辑工作区中。

3. 练习主工具栏按钮的使用。

4. 练习放置工具栏按钮的使用。

项目七　+5 V 直流稳压电源的 PCB 设计

学习目标:

1. 熟悉印制电路板图设计流程。
2. 掌握印制电路板图的设计方法。
3. 掌握报表文件的生成。
4. 了解 PCB 文件的保存与打印。

任务一　印制电路板图设计流程

PCB 图的设计流程就是指印制电路板图的设计步骤,一般它可分为以下步骤:

1. 新建文件

新建设计数据库文件,并在其中新建原理图文件、PCB 文件。

2. 绘制电路原理图

启动并进入 SCH 编辑器,正确绘制电路原理图,定义元件封装,进行电气规则检查并修改至全部正确,生成网络表。

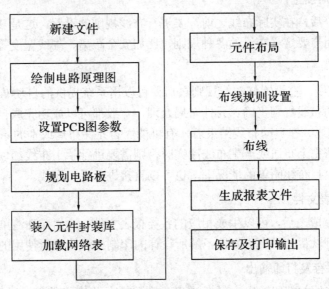

图 7-1　设计 PCB 图基本流程

3. PCB 图纸参数的设置

启动并进入印制电路板编辑器后，首先必须设置各种图纸参数，主要有设定 PCB 的结构、板层数目、栅格大小、计量单位等，为设计印制电路板做好准备工作。

4. 规划电路板

在准备好原理图和网络表之后，绘制印制电路板之前，用户还要对电路板有一个初步的规划，包括定义电路板的尺寸大小及形状、设置电路板的板层以及参数等，这是一项极其重要的工作，它是确定电路板设计的框架。这一步的工作既可用系统提供的 PCB 设计模板进行设计，也可手动设计。

5. 装入元件封装库和加载网络表

将所需的元件封装库装入 PCB 编辑器，然后再加载网络表。网络表是电路原理图和 PCB 图的接口，只有将网络表引入 PCB 系统后，才能进行电路板的自动布线。

在规划好的 PCB 中加载网络表，必须保证产生的网络表已没有任何错误，其所有元件才能很好地加载到 PCB 中。加载网络表后系统将产生一个内部的网络表，形成飞线，此时的元件布局是由电路原理图根据网络表转换成的 PCB 图，一般都不很规则，甚至有的相互重叠，因此必须将元件进行重新布局。

6. 元件布局

元件布局有自动布局和手工布局两种方式，实际上主要是利用手工布局的方式，将元件封装放置在电路板边框内的适当位置。这里的"适当位置"包含两个意思，一是元件封装所放置的位置能使整个电路板看上去整齐美观；二是元件封装所放置的位置有利于布线。

元件布局的合理性将影响到布线的质量。在进行单面板设计时，如果元件布局不合理将无法完成布线操作。在进行双面板及多层板设计时，如果元件布局不合理，布线时将会放置很多过孔，使电路板走线变得复杂。

7. 布线规则设置

飞线设置好后，在实际布线之前，要进行布线规则的设置，这是 PCB 设计所必需的一步。在这里用户要定义布线的各种规则，比如安全距离、导线宽度等。

8. 布线

(1) 自动布线。在设置好布线规则之后，可以用系统提供的自动布线功能进行自动布线。只要设置的布线规则正确、元件布局合理，一般都可以成功完成自动布线。

(2) 手工布线。在自动布线结束后，有可能因为元件布局或别的原因，自动布线不够合理简捷或无法完全布通或产生布线冲突时，则需要进行手工布线加以设置或调整。

在元件很少且布线简单的情况下，也可以直接进行手工布线。

9. 生成报表文件

PCB 布线完成之后，可以生成相应的各类报表文件，比如元件清单、电路板信息报表等。这些报表可以帮助用户更好地了解所设计的印制板和管理所使用的元件。

10. 文件保存及打印输出

保存各类文件并打印输出，包括 PCB 文件和其他报表文件等，以便存档。

任务二　+5 V 直流稳压电源的单面 PCB 设计

一、根据原理图生成网络表

图 2-43 的+5 V 直流稳压电源整机电路原理图中有一个变压器，通常因变压器太大而不制作在 PCB 上，可在 PCB 上用一个连接器 J1(封装 SIP2)接上变压器的次级。

根据表 7-1 制作+5 V 直流稳压电源 PCB 电路原理图，如图 7-2 所示。

表 7-1　+5 V 直流稳压电源 PCB 电路原理图元件

元件类型	原理图元件名称	元件标号	元件参数	元件封装名称
稳压器	VOLTREG	U1	LM7805	TO-126
二极管	DIODE	D1	1N4007	DIODE0.4
二极管	DIODE	D2	1N4007	DIODE0.4
二极管	DIODE	D3	1N4007	DIODE0.4
二极管	DIODE	D4	1N4007	DIODE0.4
电解电容	ELECTRO1	C1	470 μF /25 V	RB.2/.4
无极性电容	CAP	C2	0.1 μF	RAD0.1
无极性电容	CAP	C3	0.1 μF	RAD0.1
电解电容	ELECTRO1	C4	220 μF /25 V	RB.2/.4
两端连接器	CON2	J1	～9 V	SIP2
两端连接器	CON2	J2	+5 V	SIP2

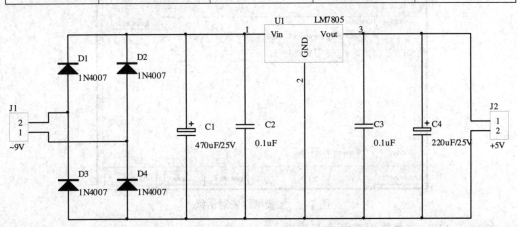

图 7-2　+5 V 直流稳压电源 PCB 电路原理图

新建一个设计数据库，命名为 dy.ddb。建立名称为 dy.Sch 的原理图文件，并根据图 7-2 所示电路来绘制原理图。在原理图编辑器下，执行菜单命令 Tools│ERC...，生成电气规则检查结果 dy.ERC，如果检查结果没有错误，在原理图编辑器下，执行菜单命令 Design│

Create Netlist...，生成网络表文件 dy.NET。

二、定义电路板

在 dy.ddb 中建立名称为 dy.PCB 的 PCB 文件，打开 dy.PCB，因图 7-2 原理图中所用元件封装都是 PCB 编辑器中默认 PCB 封装库中的元件，故不用加载其他 PCB 封装库了。

该电路板默认采用双层板，有如下工作层：顶层(TopLayer)、底层(BottomLayer)、机械层 1(Mechanical)、顶层丝印层(TopOverlay)、禁止布线层(KeepOutLayer)和多层(MultiLayer)。

选择禁止布线层(KeepOut Layer)，单击放置工具栏中的 ≒ 按钮，绘制一个尺寸约长为 2000 mil、宽为 1500 mil 的矩形边框(PCB 布局、布线过程中根据具体情况需要随时修改尺寸)，初步确定了电路板的电气边界，电路板的物理边界可在 PCB 布线完成之后再在机械层中绘制。

三、加载网络表

网络表是连接原理图和印制电路板图的桥梁。加载网络表，实际上是将元件封装放入电路板图之中，元件之间的连接关系以网络飞线的形式体现，最终实现电路板中元件的自动放置、自动布局和自动布线。

1. 加载网络表的方法

在 PCB 编辑器中，执行菜单命令 Design | Load Nets...，系统弹出如图 7-3 所示的加载网络表对话框。

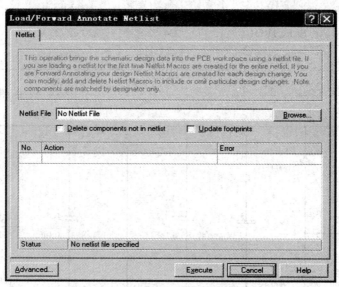

图 7-3　加载网络表对话框

在 Netlist File 文本框下有两个复选框：

Delete components not in netlist 复选项——选中该选项，则系统将会在加载网络表之后，与当前电路板中存在的元件作比较，将网络表中没有的而在当前电路板中存在的元件删除掉。

Update footprints 复选项——选中该选项,则会自动用网络表内存在的元件封装替换当前电路板上的相同元件的封装。

这两个选项适合于原理图修改后的网络表的重新载入。

在 Netlist File 文本框中输入加载的网络表文件名。如果不知道网络表文件的位置,单击 Browse...按钮,系统弹出如图 7-4 所示的选择网络表文件对话框。

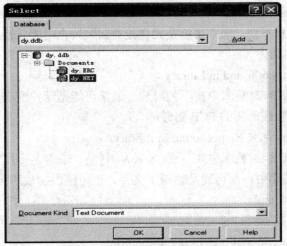

图 7-4 选择网络表文件对话框

在该对话框中,找到网络表所在的设计数据库文件路径和名称,在正确选取 dy.NET 文件后,单击 OK 按钮,系统开始自动生成网络宏(Netlist Macros),并将其在装入网络表的对话框中列出,如图 7-5 所示。由图 7-5 可知,装入网络表后共发现 10 个错误和 1 个警告。

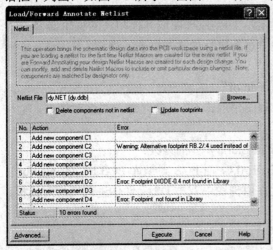
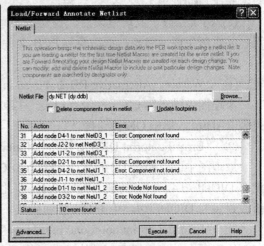

(a) 加载元件封装的错误   (b) 加载网络的错误

图 7-5 生成的有错误的网络表宏信息

2. 加载网络表出错的修改

一般在进行印制电路板设计之前,要确保原理图及相关的网络表必须正确,为此要先检查网络表上是否存在错误。确保装载的网络表完全正确所牵涉的因素很多,最主要的是加载后的 PCB 封装库中是否包含了原理图中所有元件的封装、网络表是否正确及 PCB 封装与元件引脚之间是否匹配。

(1) 错误信息及警告信息。PCB 加载网络表后常见的错误信息及警告信息如下:

① Error:Node not found。

错误信息:节点找不到。通常是原理图元件的引脚号与 PCB 封装的焊盘号没有完全一一对应。

② Error:Component not found。

错误信息:元件找不到。通常可能是元件没有封装,也可能是输错了文字,也可能是没加载所需的 PCB 封装库。

③ Error:Footprint not found in Library。

错误信息:在 PCB 封装库中找不到封装。通常可能是元件没有封装,也可能是输错了文字,也可能是没加载所需的 PCB 封装库。

④ Error:Footprint ××× not found in Library。

错误信息:在 PCB 封装库中找不到 ××× 封装。通常是所用 ××× 封装不在当前已加载的 PCB 封装库中,即可能是输错了文字,也可能没加载所需的 PCB 封装库。

⑤ Error:Net not found。

错误信息:网络找不到。

⑥ Error:New footprint not matching old footprint。

错误信息:新的元件封装与旧的元件封装不匹配。

⑦ Warning: Alternative ××× used instead of。

警告信息:程序自动使用 ××× 封装替换。通常是常用元件没给封装或封装不合适时,系统自动使用了 ××× 封装。

(2) 错误修改。发现错误后,找到错误原因,回到原理图或其他相关的编辑器修改错误,并重新生成网络表,再切换到 PCB 文件中重新进行加载网络表的操作。

本例中,图 7-5 所示错误的修改:

① "Warning: Alternative RB.2/.4 used instead of" 的修改:

原理图中的电容 C2 元件没有封装,在原理图中双击 C2 元件体进入属性对话框,输入封装 RAD0.1,单击 OK 按钮确认。

② "Error:Footprint DIODE-0.4 not found in Library" 的修改:

原理图中的二极管 D2 元件的封装为 DIODE-0.4,而 PCB 封装库 PCB Footprints.lib 中没有 DIODE-0.4,只有封装 DIODE0.4,因此在原理图中双击 D2 元件体进入属性对话框,修改封装为 DIODE0.4,单击 OK 按钮确认。

③ "Error:Footprint not found in Library" 的修改:

原理图中的二极管 D4 元件没有封装,在原理图中双击 D4 元件体进入属性对话框,输入封装 DIODE0.4,单击 OK 按钮确认。

④ "Error:Component not found" 的修改:

上述 C2、D4 元件没有封装,D2 元件的封装 DIODE-0.4 不在已加载的 PCB 封装库 PCB Footprints.lib 中而造成的找不到元件,而作了上述相应修改后,其实这类错误就已经得到了改正。

⑤ "Error:Node not found" 的修改:

原理图中的二极管 D1~D4(1N4007)，在原理图元件库 Miscellaneous.lib 中 DIODE 元件的引脚号为 1、2，而印制电路板中封装 DIODE0.4 在 PCB 封装库 PCB Footprints.lib 中的焊盘编号为 A、K，两者没有一一对应，故找不到节点而出错。因此在原理图元件库 Miscellaneous.lib 中，把 DIODE 的引脚号 1、2 改为 A、K，然后单击 Update Schematics 按钮，则原理图中已全部改好。

(3) 加载无错误的网络表。原理图中的错误全部改好后，在原理图文件中重新生成网络表，再到 PCB 文件中重新加载网络表，生成图 7-6 所示的无错误的网络表宏信息。

最后，单击图 7-6 中底部的 Execute 按钮，完成网络表和元件的装入。效果如图 7-7 所示，装入的元件在电路板的电气边界外，元件之间用网络飞线相连。

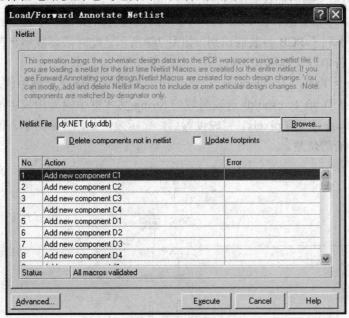

图 7-6　生成的无错误的网络表宏信息

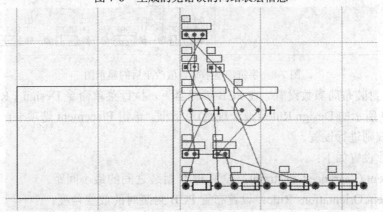

图 7-7　装入网络表和元件后的 PCB 图

四、自动布局

把 PCB 封装装入电路板之后，会发现所有的 PCB 封装布置在板外或重叠在一起，这就需要在所定义的电路板内对 PCB 封装进行合理的布局。在布局过程中，必须考虑导线的布通率、散热、电磁干扰、信号完整性等问题。布局的好坏，会直接影响电路板的布线效果及相应电子设备的工作性能。所以，合理的布局是 PCB 设计成功的第一步。一般 PCB 封装的布局采用自动布局和人工调整相结合的方法。

1. PCB 封装布局参数的设置

在进行 PCB 封装的布局之前，先对 PCB 有关的参数作以下调整。

(1) PCB 的栅格。执行菜单命令 Design | Options...，在弹出的 Document Options 对话框(见图 6-8)的 Options 选项卡中，分别对捕捉栅格和元件移动栅格进行设置。默认值为 20 mil，可以设置的小一些，如设置为 5 mil 或 1 mil。

(2) 字符串显示临界值。在 PCB 设计中，当缩小显示电路时，字符串经常会变为一个矩形轮廓，这样不利于 PCB 封装的识别，如图 7-7 所示。此时需要减小字符串显示临界值参数，以保证字符串以文本形式显示。

执行菜单命令 Tools | Preferences...，在弹出的 Preferences 对话框中单击 Display 选项卡(见图 6-10)，在 Draft thresholds 选项区域的 String 文本框中输入构成字符串像素的临界值。这里设置 String 值为 4 pixels。完成设置后，显示效果如图 7-8 所示，每个元件的文字标示字符显示得清清楚楚。

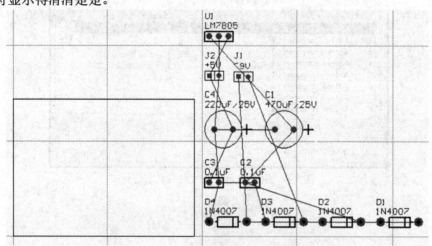

图 7-8   字符串显示临界值改小后的显示图

(3) PCB 封装布局参数设置。在 PCB 编辑器下，执行菜单命令 Design | Rules...，系统弹出如图 7-9 所示的 Design Rules(设计规则)对话框。单击 Placement 选项卡，可对 PCB 封装布局设计规则进行设置。

主要参数设置如下：

Component Clearance Constraint：设置 PCB 封装之间的最小间距。

Component Orientations Rule：设置布置 PCB 封装时的放置角度。

Nets to Ignore：设置忽略的网络，这样可以提高自动布局的速度与质量。

Permitted Layers Rule：设置允许 PCB 封装放置的电路板层。

Room Definition：设置定义空间的规则，所谓定义空间，就是指在对 PCB 电路布线过程中，可以将元件、元件类或元件封装定义为一个空间，从而将空间内的内容作为一个整体进行移动或者锁定。

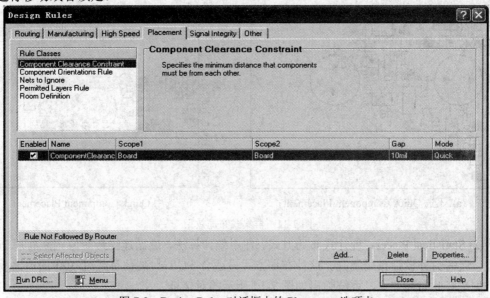

图 7-9　Design Rules 对话框中的 Placement 选项卡

Protel 99 SE 的自动布局效果较差，因为计算机的智能还不知道怎样排列 PCB 封装才能满足要求，一般只能将 PCB 封装散开排列，大部分需要人工调整 PCB 封装的布局，所以不需要详细设置布线参数，一般选择默认即可。

2. PCB 封装自动布局

在进行自动布局前，必须在禁止布线层上先定义电路板的电气边界，再加载网络表，否则屏幕会提示错误信息。

执行菜单命令 Tools | Auto Placement | Auto Placer...，系统弹出如图 7-10 所示的自动布局对话框。对话框中显示了两种自动布局方式，每种方式所使用的计算和优化 PCB 封装位置的方法不同，介绍如下：

(1) Cluster Placer：群集式布局方式。根据 PCB 封装的连通性将 PCB 封装分组，然后使其按照一定的几何位置布局。这种布局方式适合于 PCB 封装数量较少(小于 100)的电路板设计。其设置对话框如图 7-10 所示，在对话框下方有一个 Quick Component Placement 复选框，选中它，布局速度较快，但也不能得到最佳布局效果。群集式布局效果如图 7-11 所示。

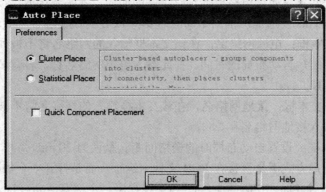

图 7-10　自动布局对话框

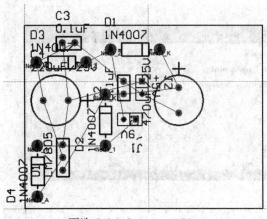 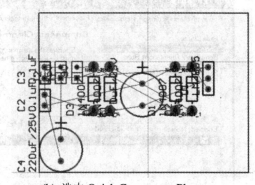

　(a) 不选 Quick Component Placement　　　　　(b) 选中 Quick Component Placement

图 7-11　群集式布局效果

(2) Statistical Placer：统计式布局方式。使用统计算法，遵循连线最短原则来布局 PCB 封装，无需另外设置布局规则。这种布局方式最适合 PCB 封装数目超过 100 的电路板设计。如选择此布局方式，系统弹出如图 7-12 所示的对话框。

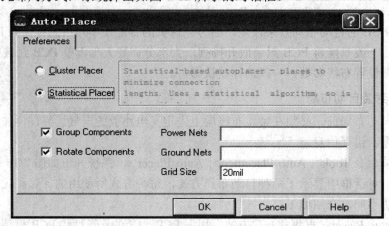

图 7-12　统计式布局方式的自动布局对话框

对话框中的各选项含义介绍如下：

Group Components 复选框：将当前网络中连接密切的 PCB 封装合为一组，布局时作为一个整体来考虑。建议如果电路板上没有足够的面积，就不要选取该项。

Rotate Components 复选框：根据布局的需要将 PCB 封装旋转。

Power Nets 文本框：电源网络名，在该文本框输入的网络名将不被列入布局策略的考虑范围，这样可以缩短自动布局的时间。在此输入电源网络名称，若有多个电源，可用空格隔开，如 +12 –12。

Ground Nets 文本框：接地网络名，在该文本框输入的网络名将不被列入布局策略的考虑范围。在此输入接地网络名称。

Grid Size 文本框：设置自动布局时的栅格间距。默认为 20 mil。

采用统计式布局方式不是直接在 PCB 文件上运行，而是打开一个如图 7-13 所示的临时布局窗口(生成一个 Place1.Plc 的文件)。当系统弹出一个标有 Auto-Place is Finished 的信息框时，单击 OK 按钮，系统弹出如图 7-14 所示的 Design Explorer 对话框，提示是否将自动布局的结果更新到 PCB 文件中。单击 Yes 按钮，更新后系统返回到 PCB 文件窗口。布局后效果如图 7-15 所示。

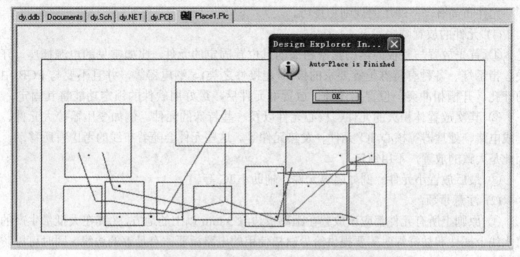

图 7-13　统计式布局方式完成后的临时布局窗口

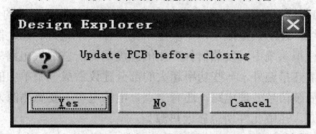

图 7-14　Design Explorer 对话框

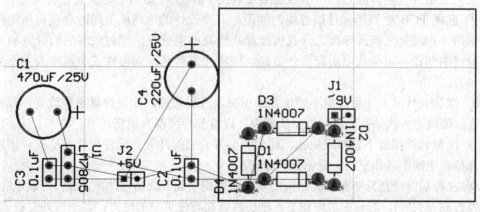

图 7-15　统计式布局效果

五、人工调整布局

1. 人工调整布局的基本原则

在自动布局形成的 PCB 图中，元件在电路板上的布局并非十分合理，这直接关系到布线的效果。掌握 PCB 设计对象的布局是设计 PCB 的基础，应从电子产品的机械结构、散热、电磁干扰及布线的方便性等方面综合考虑元件的布局，可以通过移动、旋转、对齐排列等方式调整其位置，还需调整好丝印层上文字符号的位置。

元件布局有一些通用的规则和技巧。

(1) 元件的放置顺序如下：

① 首先放置与整板的结构紧密相关的且位置固定的元件。比如常见的电源插座、开关、指示灯、各种有特殊位置要求的接口(连接件之类)、继电器等，并且不要与 PCB 中的开孔、开槽相冲突，位置要正确。放置好元件后，最好用软件的锁定功能将其固定。

② 其次放置体积大的元件、核心元件以及一些特殊的元件。例如变压器等大元件、集成电路、处理器等核心 IC 元件、发热元件等。这些元件会随着布线的考虑有所移动，因此是大致的放置，不用锁定。

③ 最后放置小元件。例如阻容元件、辅助小 IC 等。

(2) 注意事项：

① 原则上所有元件都应该放置在距离板边缘 3 mm 以上的地方，尤其在大批量生产的流水线上插件和波峰焊时需要提供给导轨槽使用的电路板要留有足够的边缘，同时可以防止外形切割加工时引起边缘部分缺损。

② 要重视散热问题。对于一些大功率的电路，应该将其发热严重的元件(如功率管等)尽量分布在板的边缘，便于热量散发，不要过于集中在一个地方。总之散热措施要适当，尤其在一些精密的模拟系统中，发热器件产生的温度场对一些放大电路的影响是严重的。除了保证有足够的散热措施外，一些功率超大的部分建议做成一个单独的模块，并作好隔热措施，避免影响后续信号处理电路。还有一点，电解电容不要离热源太近，以免电解液过早老化，寿命剧减。热敏元件切忌靠近热源！

③ 注意元件的重量问题。对于一些较重的元件，建议设计成用支架固定，然后焊接。一些又大又重且发热多的元件，不应直接安装在 PCB 上，而应考虑安装在机箱底板上。

④ 重视 PCB 上高压元件或导线的间距。若要设计的电路板上同时存在高压电路和低压电路，则器件之间或导线之间就可能存在较高的电位差，此时应将它们分开放置，加大导线的间距，以免放电引起意外短路。还应注意带高压的器件应布置在人手不易触及的地方。

⑤ 摆放元件时，注意焊盘不要重叠或相碰，避免短路。如果焊盘重叠放置，在钻孔时会在一处地方多次钻孔，易导致钻头断裂，焊盘和导线都有损伤。

⑥ 注意元件摆放不要与定位孔、固定支架等有空间冲突。元件应与定位孔、固定支架等保持适当的距离和空间，避免安装冲突。

⑦ 在布局时应充分结合整机结构要求来布置用于调节的器件(如电位器、可调电容器、微动及拨动开关等)，若只在机内调节，则应放置在方便调节的地方；若是机外面板调节，则应配合面板旋钮的位置来布局。

2. 人工调整布局的基本操作

(1) PCB 封装的选中。

① 画框选中。按下鼠标左键拖动鼠标画一个矩形虚框后松开鼠标左键，则框内 PCB

封装被选中，呈高亮黄色(淡黄背景下)或白色(经典黑色背景下)。

② 利用菜单命令选中。执行菜单命令 Edit | Select，其子菜单命令如图 7-16 所示。

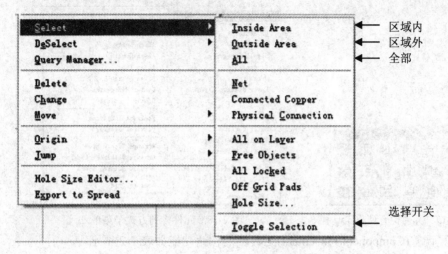

图 7-16 Select 子菜单

(2) 移动元件。

① 使用鼠标拖动。移动元件有多种方法，比较快捷的方法是直接使用鼠标进行移动，即将光标移到元件上，按住鼠标左键不放，将元件拖动到目标位置。这种方法对没有进行线路连接的元件比较方便。

② 使用 Move 菜单命令移动。执行菜单命令 Edit | Move | Component，光标变为十字形，在要移动的元件上单击鼠标左键，元件将随光标一起移动，到目标位置再单击鼠标左键确定。

执行菜单命令 Edit | Move | Move，单纯地移动一个元件。使用该命令，只是移动元件本身，而与元件相连的其他对象，如导线等，则原地不动。

③ Drag 菜单命令的设置及使用。对于已连接好印制导线的元件，希望移动元件时印制导线也跟着移动，则必须进行拖动连线的系统参数设置。设置方法是：执行菜单命令 Tools | Preferences...，系统弹出系统参数设置对话框，在 Options 选项卡 Component drag 选项区域的 Mode 下拉列表框中选择 Connected Tracks 即可。

执行菜单命令 Edit | Move | Drag，可用于拖动元件。

(3) 旋转元件。当有些元件的方向需要调整时，要对元件进行旋转操作。使用常用快捷键进行操作，与电路原理图中的方法一致。将光标移到要旋转的元件上，按住鼠标左键不放，同时按下空格键，或 X 键，或 Y 键，即可调整被选取元件的方向。可通过执行菜单命令 Tools | Preferences...，系统弹出系统参数设置对话框，选择 Options 选项卡，在 Other 区域 Rotation Step 中设置旋转角度，系统默认为 90°。

(4) 排列元件。如同电路原理图编辑器一样，在 PCB 编辑器中，系统也提供了元件的排列对齐功能。用户可以在如图 7-17 所示的元件位置调整(Component Placement)工具栏中单击相应的图标，或执行 Tools | Interactive Placement 子菜单(见图 7-18)中的命令，来实现元件的排列。

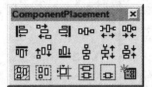

图 7-17　元件位置调整工具栏　　　　　图 7-18　元件排列方式子菜单

元件位置调整(Component Placement)工具栏的按钮功能如表 7-2 所示。

表 7-2　元件位置调整(Component Placement)工具栏的按钮功能

按钮	功　能	Tools｜Interactive Placement 子菜单命令
	选中的元件左对齐	Align Left
	选中的元件水平中心线对齐	Center Horizontal
	选中的元件右对齐	Align Right
	选中的元件水平均分	Horizontal Spacing｜Make Equal
	选中的元件的水平间距增大	Horizontal Spacing｜Increase
	选中的元件的水平间距减少	Horizontal Spacing｜Decrease
	选中的元件顶部对齐	Align Top
	选中的元件垂直中心线对齐	Center Vertical
	选中的元件底部对齐	Align Bottom
	选中的元件垂直均分	Vertical Spacing｜Make Equal
	选中的元件的垂直间距增大	Vertical Spacing｜Increase
	选中的元件的垂直间距减小	Vertical Spacing｜Decrease
	选中的元件在空间内部排列	Arrange Within Room
	选中的元件在一个矩形内部排列	Arrange Within Rectangle
	选中的元件移动到栅格上	Move To Grid
	将选中的元件组合	
	拆开元件组合	
	调用 Align Component 对话框	

(5) 元件标注调整。元件布局调整后，往往会造成元件标注字符的位置、大小和方向等不合适，虽然不会影响电路的正确性，但影响电路板的美观。所以在布局和布线结束之

后，均要对元件的标注字符进行调整。调整的原则：标注要尽量靠近元件，以指示元件的位置；元件标注一般要求排列整齐，文字方向一致；标注不要放在元件的下面、焊盘和过孔的上面；标注大小要合适。

元件标注的调整采用移动和旋转的方式进行，与元件的操作相似；修改标注内容，可直接双击该标注文字，在弹出的对话框中进行修改。

(6) 原理图及飞线的利用。PCB 布局时应参考原理图中元件的位置，在原理图中相互靠近的元件在 PCB 中也就近布置，并在布局的过程中充分利用飞线的提示作用，在移动或旋转 PCB 封装的过程中使需要连接且相互靠近的焊盘对齐，这样能够大大地方便 PCB 布线的简化。此外，还应考虑整个 PCB 中元件的均匀布局。

在本例中，经人工调整布局后的电路板如图 7-19 所示。

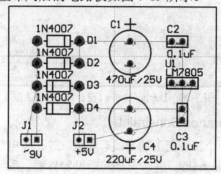

图 7-19 人工调整布局后的电路板

六、设计规则设置

完成 PCB 封装的布局工作后，就可以进行布线操作了。对于复杂的原理图，如果使用人工布线，不仅效率很低，难度也很大，这时可以充分利用 Protel 99 SE 强大的自动布线功能，快速有效地完成布线工作。

自动布线是指系统根据设计者设定的布线规则，依照网络表中的各个 PCB 封装之间的连线关系，按照一定的算法自动地在各个 PCB 封装之间进行布线。Protel 99 SE 的自动布线功能可以自动分析当前的 PCB 文件，并选择最佳布线方式，但对于自动布线不合理的地方，仍需进行人工调整。

在自动布线之前，设置布线的规则是十分必要的。制定设计规则后，程序自动监视 PCB 设计，检查 PCB 图是否符合设计规则，若违反了设计规则，将以高亮显示错误内容。

在 PCB 编辑器中，执行菜单命令 Design | Rules...，系统弹出如图 7-20 所示的(设计规则)Design Rules 对话框。在对话框中列出了六大类设计规则，分别为布线、制造、高速线路、PCB 封装自动布置、信号分析及其他方面有关的设计规则，与自动布线有关的规则主要在 Routing 选项卡中。在一般情况下，使用系统提供的自动布线规则的默认值就可以获得比较满意的自动布线效果。

图 7-20 中布线设计规则(Routing)选项卡的左上角的 Rule Classes 列表框中列出了有关布线的 10 个设计规则，右上方区域是在 Rule Classes 列表框中所选取的设计规则的说明，下方是在 Rule Classes 列表框中所选取的设计规则的具体内容。下面介绍常用的布线设计规则。

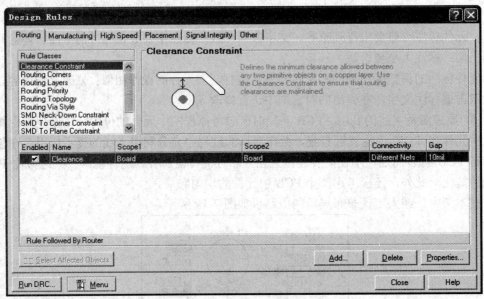

图 7-20　Design Rules (设计规则)对话框

1. 设置安全间距(Clearance Constraint)

安全间距用于设置同一个工作层上的导线、焊盘、过孔等电气对象之间的最小间距。在图 7-20 中选中 Clearance Constraint，进入安全间距设置界面。系统中已经使用了一条默认的规则，名称为 Clearance，该规则适用于整个电路板，采用的安全间距为 10 mil。在设计规则对话框右下角有三个按钮。

(1) Add 按钮。该按钮用于添加新的规则。单击该按钮后，系统弹出如图 7-21 所示的安全间距设置对话框，设置内容包括两部分。

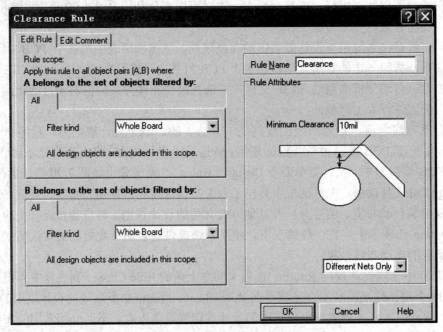

图 7-21　安全间距设置对话框

Rule scope(规则的适用范围)：一般情况下，指定该规则适用于整个电路板(Whole Board)。

Ruile Attributes(规则属性)：用来设置最小间距的数值(如 10 mil)及其所适用的网络，包括 Different Nets Only(仅不同网络)、Same Net Only(仅同一网络)和 Any Net(任何网络)。

设置完毕，在如图 7-21 所示的对话框中单击 OK 按钮，完成安全间距设计规则的设置。设置好的内容将出现在设计规则对话框下方的具体内容一栏中。

(2) Delete 按钮。在如图 7-20 所示的设计规则对话框下方设计内容一栏中，单击鼠标左键选中要删除的规则，单击 Delete 按钮即可删除选中的规则。

(3) Properties...按钮。在如图 7-20 所示的设计规则对话框下方设计内容一栏中，用鼠标左键选中一项规则，单击 Properties...按钮，系统弹出如图 7-21 所示的对话框，在对话框中修改参数后，再单击 OK 按钮，修改后的内容会出现在具体内容栏中。

2. 设置布线的转角模式(Routing Corners)

该项规则主要用于设置布线时转角的形状及转角走线垂直距离的最小和最大值。在图 7-20 中选中 Routing Corners，进入布线转角的设置界面。系统中已经使用一条默认的规则，名称为 RoutingCorners，适用于整个电路板，采用 45°(实为 135°)转角，转角走线的垂直距离为 100 mil。在设计规则对话框右下角有三个按钮 Add、Delete、Properties，使用方法同前。单击 Properties...按钮，系统弹出如图 7-22 所示的布线转角模式设置对话框，在 Style 下拉列表框中有三种转角模式可选，即 45 Degrees(45°实为 135°角)、90 Degrees(90°角)和 Round(圆角)。本例采用该默认规则。

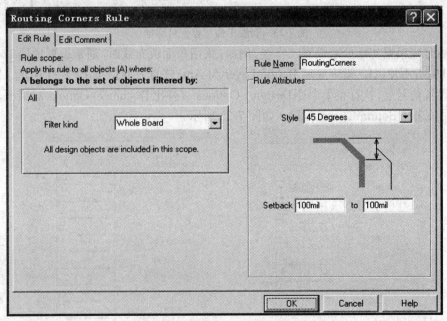

图 7-22 布线转角模式设置对话框

3. 设置布线工作层(Routing Layers)

该项规则用于规定自动布线时所使用的工作层，以及布线时各层上印制导线的走向。在图 7-20 中选中 Routing Layers，进入布线工作层的设置界面。在设计规则对话框右下角有三个按钮，分别为 Add、Delete、Properties，使用方法同前。

单击 Properties...按钮，系统弹出如图 7-23 所示的布线工作层设置对话框，右侧的列表框列出了 32 个信号层。系统默认采用双面布线，顶层 TopLayer 为 Horizontal(水平方向)和底层 BottomLayer 为 Vertical(垂直方向)有效，其他层为灰色无效。各个层右边的下拉列表框中列出了布线方向，包括 Horizontal(水平方向)、Vertical(垂直方向)、Any(任意方向)、Not Used(不使用)等共 11 种。

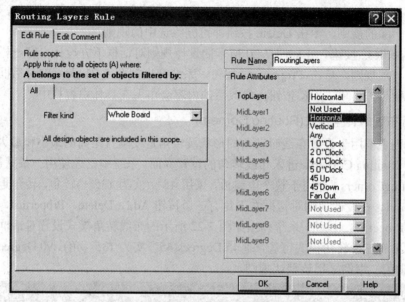

图 7-23　布线工作层设置对话框

布线时应根据实际要求设置工作层。例如，采用单面板布线时，通常设置顶层 TopLayer 为 Not Used(不使用)，设置底层 BottomLayer 为 Any(任意方向)，如图 7-24 所示。同时，还需要设置信号层，执行菜单命令 Design｜Options...，弹出 Document Options 对话框，Signal layers 项只选择 BottomLayer(底层)，如图 7-25 所示。

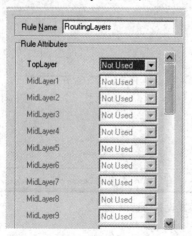
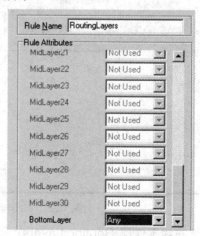

(a) 顶层不使用　　　　　　　　　(b) 底层任意方向

图 7-24　单面板布线工作层设置

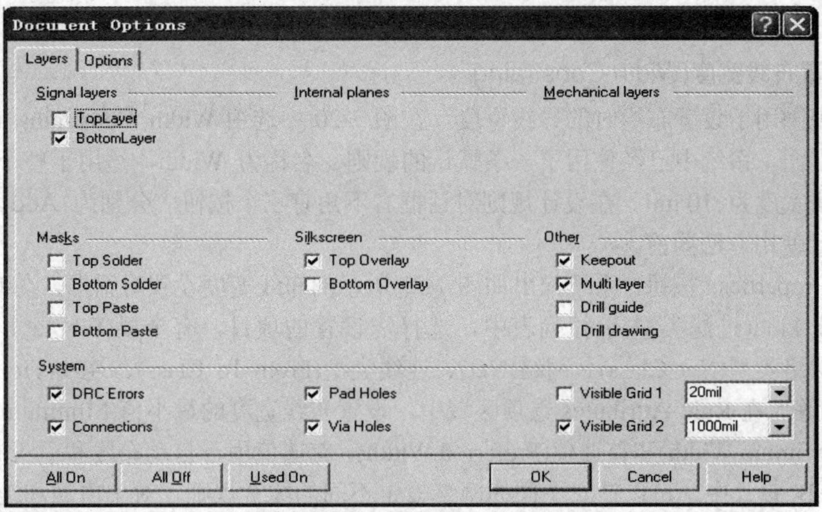

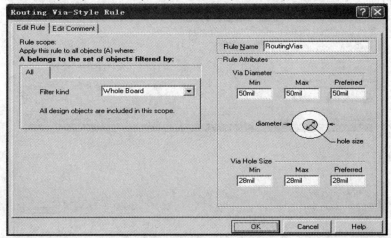

图 7-25　单面板信号层设置

4. 设置布线的拓扑结构(Routing Topology)

该项规则用于设置布线的拓扑结构。拓扑结构是指以焊盘为点，以连接各焊盘的导线为线，则点和线构成的几何图形称为拓扑结构。在 PCB 中，PCB 封装焊盘之间的飞线连接方式称为布线的拓扑结构。在图 7-20 中选中 Routing Topology，进入布线拓扑结构的设置界面。系统有 Shortest(最短连线)、Horizontal(水平连线)、Vertical(垂直连线)等 7 种拓扑结构可供选择，系统默认的拓扑结构为 Shortest(最短连线)。

本例采用 Shortest(最短连线)拓扑结构。

5. 设置过孔类型(Routing Via Style)

该项规则用于设置过孔的外径(Diameter)和孔径的尺寸(Hole Size)。

在图 7-20 中选中 Routing Via Style，进入过孔类型的设置界面。在设计规则对话框右下角有三个按钮，分别为 Add、Delete、Properties，使用方法同前。单击 Properties…按钮，系统弹出如图 7-26 所示的过孔类型设置对话框，在 Rule Attributes 选项区域，设置过孔的外径和孔径的最小值(Min)、最大值(Max)和首选值(Preferred)。首选值用于自动布线和手工

图 7-26　过孔类型设置对话框

布线过程。本例采用默认值。

6. 设置布线宽度(Width Constraint)

该项规则用于设置布线时的导线宽度。在图 7-20 中选中 Width Constraint，进入布线宽度设置界面。系统中已经使用了一条默认的规则，名称为 Width，适用于整个电路板，采用的布线宽度为 10 mil。在设计规则对话框右下角有三个按钮，分别为 Add、Delete、Properties，使用方法同前。

单击 Properties...按钮，系统弹出如图 7-27 所示的布线宽度设置对话框，在 Rule scope 下的 Filter kind(过滤类型)下拉列表中，选择需设置的项目，有全板(Whole Board)、层(Layer)、网络类型(Net Class)、网络(Net)、连线类型(From-To Class)、连线(From-To)及范围(Region)等。在 Rule Attributes 选项区域中，设置布线宽度的最小值(Minimum Width)、最大值(Maximum Width)和首选值(Preferred Width)，首选值用于自动布线和手工布线过程。

在 PCB 设计中，可以针对不同的网络设定不同的线宽规则，对于电源和地线，设置的线宽一般较大。

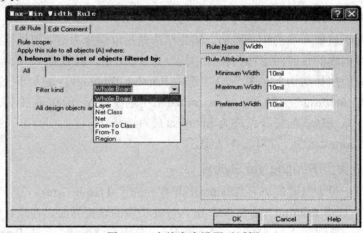

图 7-27　布线宽度设置对话框

本例中单击 Properties...按钮，修改整板的布线宽度均为 40 mil，设置完成后的对话框如图 7-28 所示。

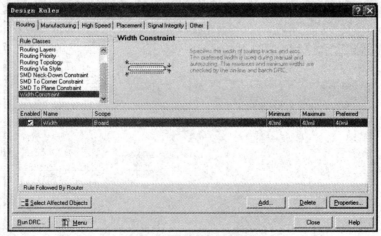

图 7-28　布线宽度设置举例

七、自动布线

1. 自动布线前的预布线

自动布线是按照一定规则由系统自动进行，所布导线的位置、走向不由人的意愿决定。对有些 PCB 封装或网络的走线，设计者如果要按照自己的要求去布线，可在自动布线之前提前布线，称之为预布线，然后运行自动布线功能完成余下的布线工作。

预布线可以通过执行菜单 Auto Route 下的命令自动实现，也可以采用人工布线。

(1) 对选定网络(Net)进行布线。执行菜单命令 Auto Route | Net，光标变成十字形，移动光标到某网络的一条飞线上，单击鼠标左键，对这条飞线所在的网络进行布线。

(2) 对选定飞线(Connection)进行布线。执行菜单命令 Auto Route | Connection，光标变成十字形，移动光标到要布线的飞线上，单击鼠标左键，仅对该飞线进行布线，而不是对该飞线所在的网络布线。

(3) 对选定 PCB 封装(Component)进行布线。执行菜单命令 Auto Route | Component，光标变成十字形，在要布线的 PCB 封装上单击鼠标左键，则与该 PCB 封装的焊盘相连的所有飞线就被自动布线。

(4) 对选定区域(Area)进行布线。执行菜单命令 Auto Route | Area，光标变成十字形，在电路板上选定一个矩形区域后，系统自动对这个区域进行布线。

2. 预布线的锁定

为防止这些预布线在自动布线时被重新布线，可在自动布线之前将预布线锁定。

如果要锁定某条预布线，可以双击该导线，弹出导线属性设置对话框，选中 Locked 复选框，锁定该段导线，如图 7-29 所示。

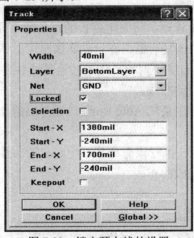

图 7-29　锁定预布线的设置

由于一条导线由若干段构成，必须保证每一段导线都锁定才能保护预布线，所以使用这种方法较烦琐。在下面介绍的自动布线中，可以在自动布线器选项中设置锁定所有预布线。

3. 全局自动布线

(1) 自动布线器设置。设置好布线规则后，就可运行自动布线了。在 PCB 编辑器中，

执行菜单命令 Auto Route | All...可对整个电路板进行自动布线，系统弹出 7-30 如图所示的自动布线器设置对话框。执行菜单命令 Auto Route | Setup...，同样也会弹出自动布线器设置对话框。

从图 7-30 中可以看出，仅有三个复选框没被选中。通常，不用过多了解图中各个选项的功能，采用对话框中的默认设置就可实现自动布线。

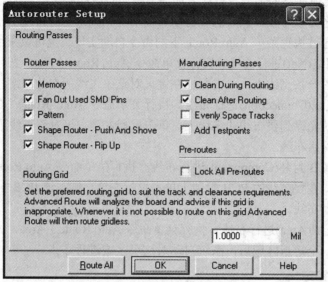

图 7-30   自动布线器设置对话框

下面对三个没被选取的复选框功能作简要说明。

Evenly Space Tracks：选中该复选框，则当集成电路的焊盘间仅有一条走线通过时，该走线将由焊盘间距的中间通过。

Add Testpoints：选中该复选框，将为电路板的每条网络线都加入一个测试点。

Lock All Pre-routes：选中该复选框，在自动布线时可以锁定所有的预布线。

(2) 运行全局自动布线。布线规则和自动布线器各种参数设置完毕，单击 Route All 按钮，系统开始对电路板进行自动布线。

在自动布线过程中，单击主菜单 Auto Route，在弹出的菜单中执行以下命令，可以控制自动布线进程。

Stop：停止自动布线过程。执行该命令后，中断自动布线，弹出布线信息框，提示目前布线状况，同时保留已经完成的布线。

Reset：对电路重新布线。

Pause：暂停自动布线过程。

Restart：重新开始自动布线过程。与 Pause 命令相配合。

对于比较简单的电路，自动布线的布通率可达 100%。如果布通率没有达到100%，设计者一定要分析原因，拆除所有布线，并进一步调整布局，再重新自动布线，最终使布通率达到 100%。如果仅有少数几条线没有布通，也可以采用放置导线命令，进行手工布线。

在本例中，没有进行预布线，设置完毕后，单击 Route All 按钮，系统开始对电路板进行自动布线。布线结束后，弹出一个自动布线信息对话框，如图 7-31 所示，显示布线情况，包括布通率、完成的布线条数、没有完成的布线条数和花费的布线时间。

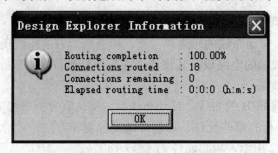

图 7-31 自动布线信息对话框

采用全局布线后的布线效果如图 7-32 所示。

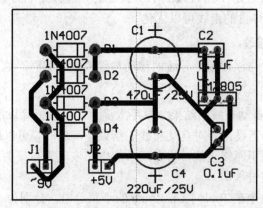

图 7-32 对电路板全局布线

八、印制电路板导线的形状

由于导线本身可能承受附加的机械应力以及局部高电压引起的放电作用，因此，应尽可能避免出现尖角或锐角拐弯。一般优先选用和避免采用的印制导线形状如图 7-33 所示。

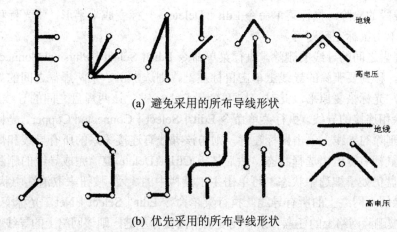

(a) 避免采用的所布导线形状

(b) 优先采用的所布导线形状

图 7-33 画 PCB 所布导线形状

九、人工调整布线

1. 分析自动布线的布线结果

虽然 Protel 99 SE 自动布线的布通率很高，但有些地方的布线仍不能使人满意，需要人工进行调整。一块成功的电路板，其设计往往是在自动布线的基础上，经过多次修改，才能达到令人满意的效果。

为了能进一步化简 PCB 的布线，自动布线后，需认真分析布线的结果：

(1) 分析元件。分析有哪些元件、可怎样改变位置和方向，才能使布线更合理、更优化、更简捷，如图 7-32 所示，可将元件 J1 旋转 180°。

(2) 分析导线。分析有哪些导线还可以有更合理、更优化、更简捷的走线方式，如图 7-32 所示，可将一条右边是 T 形连接的水平放置的导线移到下面 D4 右端和 C4 上端的焊盘之间，LM7805 中间焊盘的走线可以优化。

2. 导线的移动与修改

导线的移动与修改与原理图中导线的移动与修改完全相同，这里就不再赘述。

3. 拆线

(1) 自动拆线。对自动布线的结果如果不太满意，可以拆除以前的布线。Protel 99 SE 中提供自动拆线功能，当设计者对自动布线的结果不满意时，可以用该工具拆除电路板图上不理想的铜膜线而剩下网络飞线，将布线后的电路恢复为布局图，这样便于用户进行调整，它是自动布线的逆过程。

自动拆线的菜单命令在 Tools｜Un-Route 的子菜单中，分别为

① Tools｜Un-Route｜All：拆除所有布线。

② Tools｜Un-Route｜Net：拆除指定网络的布线。

③ Tools｜Un-Route｜Connection：拆除指定连线的布线。

④ Tools｜Un-Route｜Component：拆除指定 PCB 封装的布线。

其操作对象的含义与自动布线的对象一致。

(2) 删除导线。

① 导线段的删除。执行菜单命令 Edit｜Delete，光标变成十字形，将光标移到要删除的导线上，单击鼠标左键即可。

② 两焊盘之间的导线的删除。执行菜单命令 Edit｜Select｜Physical Connection，光标变成十字形，移到要删除的导线上单击鼠标左键，则选中了一条两焊盘之间的导线，再单击鼠标右键，光标恢复原形。此时，按下 Ctrl+Delete 键，该两焊盘之间的导线被删除。

③ 删除相连接的导线。执行菜单命令 Edit｜Select｜Connected Copper，光标变成十字形，移到要删除的导线上单击鼠标左键，则与该导线有连接关系的所有导线和焊盘均被选中，再单击鼠标右键退出选择状态。然后按下 Ctrl + Delete 键，完成导线的删除。此时导线上的各焊盘仍处于被选中状态，可单击主工具栏中的 ▨ 按钮来取消选中状态。

④ 删除同一网络上的所有导线。执行菜单命令 Edit｜Select｜Net，光标变成十字形，将光标移到被删除网络上的任意一条导线段上单击鼠标左键，则该网络上的导线和焊盘均被选中，再单击鼠标右键退出选择状态。然后按下 Ctrl + Delete 键，即可删除该网络上所有的

导线。此时网络上的各焊盘仍处于被选中状态，可单击主工具栏中的 ⚎ 按钮来取消选中状态。

4. 人工布线

导线拆除后，可以采用人工布线的方法重新布线。人工布线时，先选择要布线的层，然后单击放置工具栏中的交互导线按钮，进行人工绘制导线。

人工调整布线后的效果如图 7-34 所示。

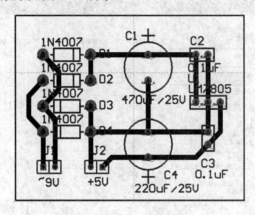

图 7-34　人工调整布线

十、加宽导线

在 PCB 设计过程中，往往需要将电源线、接地线和通过电流较大的导线加宽，以提高电路的抗干扰能力。导线加宽的方法有两种。

1. 设置布线宽度

执行菜单命令 Design | Rules...，弹出 Design Rules(设计规则)对话框，选中 Width Constraint 选项，进入布线宽度设置界面。设置方法前面已介绍，这里不再赘述。

不论是自动布线前还是布线完成后，只要加宽布线宽度就必须作上述设置，这样可以避免 PCB 进行 DRC 时出错。

2. 采用全局编辑功能加宽导线

本例中设置自动布线规则时，所有网络的走线线宽都为 40 mil。现在需将所有导线均设置为 50 mil，具体操作步骤如下：

(1) 将光标移到要加宽的导线上双击鼠标左键，系统弹出 Track 对话框。

(2) 在 Track 对话框中，单击右下方的 Global» 按钮，在原对话框基础上，可以看到拓展后的对话框增加了三个选项区域，如图 7-35 所示，其功能如下：

Attributes To Match By 选项区域：主要用于设置匹配的条件。各下拉列表框都对应某一个对象和匹配条件，对象包括导线宽度(Width)、层(Layer)、网络(Net)等，对象匹配的条件有 Same(相同)、Different(不一致)和 Any(任何情况)共三个选项。

Copy Attributes 选项区域：主要负责选取各属性复选框要复制或替代的选项。

Change Scope 选项区域：主要设置搜索和替换操作的范围。选取 All Primitive 选项，更新所有的对象；选取 All Free Primitive 选项，对自由对象进行更新；选取 Include Arcs

选项，将圆弧视为导线。

(3) 在图 7-35 所示的全局编辑下的 Track 对话框中进行设置：在 Width 文本框输入 50 mil；在 Attributes To Match By 选项区域的 Layer 下拉列表框中选取 Same；在 Copy Attributes 选项区域选中 Width 复选框。设置结果的含义是：对所选取的导线，如果是属于与选取导线在同一信号层内的所有导线，要改变其宽度，变为 50 mil。最后，单击 OK 按钮。

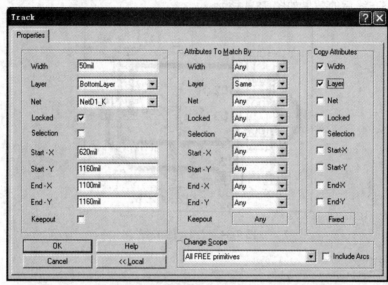

图 7-35　全局编辑下的 Track 对话框

(4) 系统弹出如图 7-36 所示的 Confirm 提示框，提示是否将更新的结果送入 PCB 文件中。

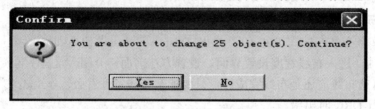

图 7-36　Confirm 提示框

(5) 单击 Yes 按钮，符合设置条件的导线宽度被改变。导线被加宽后，PCB 中可能有部分导线会"变绿"，说明存在不符合布线规则的现象，一般是导线与焊盘间距太近造成的，适当修改导线的位置即可。

十一、整块 PCB 布线的检查与微调

在整块 PCB 的布线定稿之前，必须对板上的每一段直线条包括导线和边框从头到尾进行认真的检查，发现有不直的现象立即微调，从细节上对 PCB 布线质量严格把关。具体方法如下：

1. 将栅格调到最小

执行菜单命令 Design│Options...，在弹出的 Document Options 对话框(见图 6-8)的 Options 选项卡中，将捕捉栅格和元件移动栅格全部改为 1 mil。

2. 放大视图检查

放大 PCB 视图至屏幕范围内能看到 1～2 条导线，如图 7-37 所示，按下鼠标右键不放，光标变成手形按在了 PCB 上，如此移动鼠标，PCB 图就随着手形光标的方向移动，松开鼠标右键停止移动 PCB。因此可以通过移动 PCB 图来从头到尾地观察每一条导线的布线情况。

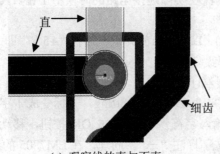

(a) 观察线的直与不直   (b) 调直布线

图 7-37　微调布线

3. 微调布线或元件位置

在检查 PCB 图的过程中，一旦发现有不直的线立即微调。不论线是横的、竖的还是斜的，判断线是否直的标准都是在任何视图下特别是在放大的视图下线的边缘都没有细齿，如图 7-37(a)所示。

发现不直的导线时，用鼠标左键单击该导线，导线上出现三个小方形的可控点，用鼠标左键单击能调整位置的可控点，此时光标变成十字形，且该可控点粘在光标上，移动鼠标的同时观察线上是否还有细齿，如果线上已没有细齿，说明线已经调直，如图 7-37(b)所示，此时单击鼠标左键放下该可控点，完成了一次修改。

有时仅微调布线不能调直布线，如一段直导线的两端是两个元件的焊盘，这时就需要微调元件位置后再布直导线。

十二、文字标注的调整与添加

文字标注是指 PCB 封装的标号、标称值和对电路板进行标示的字符串。在电路板进行自动布局和自动布线后，文字标注的位置可能不合理，整体显得较凌乱，需要对它们进行调整，使加工出的 PCB 美观大方，并根据需要再添加一些文字标注。

1. 文字标注的调整

文字标注调整的具体步骤如下：

(1) 文字标注的移动。移动文字标注的位置，可用鼠标左键直接将文字标注拖动到相应的位置即可。

(2) 对文字标注进行内容、大小、角度、字体、隐藏和镜像等调整。用鼠标左键双击文字标注，在弹出的属性对话框中，可对 Text(内容)、Height(高度)、Width(宽度)、Rotation(旋转角度)、Font(字体)、Hide(隐藏)和 Mirror(镜像)等进行修改。

本例中，对连接器 J1、J2、U1 之外的所有元件的参数均隐藏，然后调整好所有字符的位置和方向。

2. 文字标注的添加

本例中，对连接器 J2 的两个焊盘必须标注哪个是"+5 V"、哪个是"－"；LM7805 的封装 TO-126 从外观上看不出正反面，必须标明引脚号(也可以修改 TO-126 封装，项目八中将介绍修改封装的方法)。只有这样，才能确保在实际连接电路的时候不出错。具体操作步骤如下：

(1) 分析电路功能及观察所绘 PCB 图可知，LM7805 的焊盘 3 连接"+5 V"即 J2 的焊盘 1，LM7805 的焊盘 2 连接"－"即 J2 的焊盘 2。

(2) 将当前工作层切换为 TopOverlay(顶层丝印层)。

(3) 单击放置工具栏的 T 按钮，或执行菜单命令 Place | String，光标变成十字形，按下 Tab 键，在弹出的字符串属性对话框中，输入字符"－"，单击 OK 按钮，移动光标到 J2 的焊盘 2 附近，单击鼠标左键，放置一个文字标注"－"。同理，在 LM7805 的焊盘 1、2、3 端附近放置文字标注"1"、"2"、"3"(字符高度选小些，如 30 mil)。单击鼠标右键，结束命令状态。

(4) 将参数标注"+5 V"拖到 J2 的焊盘 1 附近。

十三、边框的调整及原点的设定

1. 边框的调整

根据 PCB 布线结果合理调整边框的位置和大小。

2. 原点的设定

对已完成绘制的 PCB 图设定原点，通常设置左下角为 PCB 的坐标原点。执行菜单命令 Edit | Origin | Set，或单击放置工具栏的▨按钮，将光标移到 PCB 边框的左下角，单击鼠标左键，则此左下角已被设定成新的原点。全部绘制完成的 PCB 如图 7-38 所示。

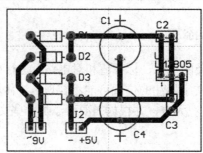

图 7-38　完成绘制的 PCB

十四、PCB 的 3D 显示功能

Protel 99 SE 系统提供了 3D 预览功能。使用该功能，可以很方便地看到加工成型之后的印制电路板和在电路板焊接 PCB 封装之后的效果，使设计者对自己的作品有一个较直观的印象。

执行菜单命令 View | Board in 3D，或用鼠标左键单击主工具栏的　🖼　按钮，在工作

窗口生成了本例印制电路板的 3D 效果图和预览文件，如图 7-39 所示，预览文件名为 3D dy.PCB。

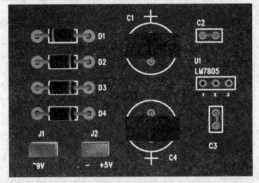

(a) 正视视图

(b) 3D 视图

图 7-39　生成的 3D 效果图

在生成三维视图的同时，在 PCB 管理器中出现 Browse PCB3D 选项卡，单击该选项卡，将光标放在左下方浏览器的小窗口内，光标变成弧线十字箭头，按住光标移动时，三维视图也随之旋转，可从各个角度观察印制电路板，观察 PCB 封装布局是否合理。

任务三　PCB 报表文件

一、设计规则检查(DRC)

当一块线路板已经设计好，我们要检查布线是否有错误，Protel 99 SE 提供了很好的检查工具"DRC"(设计规则检查)。

1. DRC

执行菜单命令 Tools | Design Rule Check...(设计规则检查)，弹出 Design Rule Check 对话框，如图 7-40 所示，单击左下角的 Run DRC 按钮，系统输出检查结果，如图 7-41 所示。检查结果也可在 PCB 浏览管理器中查看到。若有违规，则在 PCB 浏览管理器的

“Violations”中看到违规的名称，且违规错误以高亮显示(绿色)。

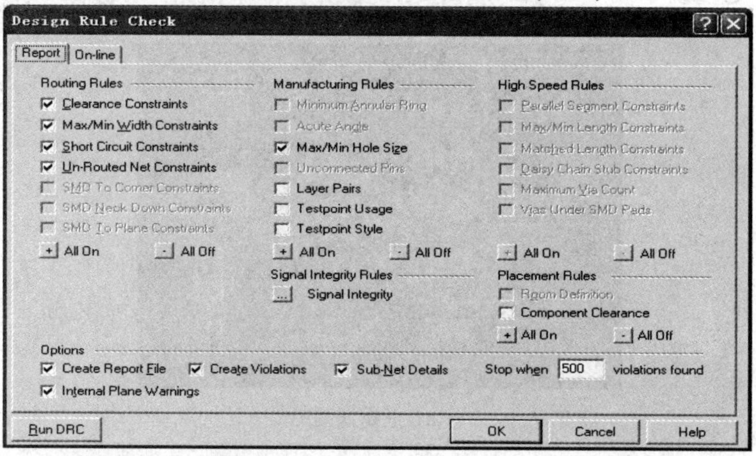

图 7-40　Design Rule Check 对话框

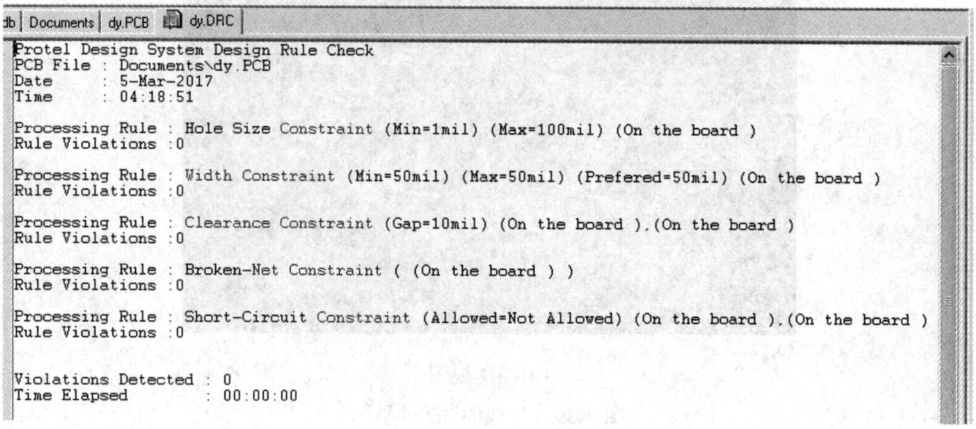


```
Protel Design System Design Rule Check
PCB File  : Documents\dy.PCB
Date      : 5-Mar-2017
Time      : 04:18:51

Processing Rule : Hole Size Constraint (Min=1mil) (Max=100mil) (On the board )
Rule Violations :0

Processing Rule : Width Constraint (Min=50mil) (Max=50mil) (Prefered=50mil) (On the board )
Rule Violations :0

Processing Rule : Clearance Constraint (Gap=10mil) (On the board ),(On the board )
Rule Violations :0

Processing Rule : Broken-Net Constraint ( (On the board ) )
Rule Violations :0

Processing Rule : Short-Circuit Constraint (Allowed=Not Allowed) (On the board ),(On the board )
Rule Violations :0


Violations Detected : 0
Time Elapsed        : 00:00:00
```

图 7-41　DRC 结果

2. 处理违规

进行设计规则检查后，对发现的错误应加以更正。常用的处理违规(Violations)的方法和手段如下：

(1) 利用 PCB 浏览管理器处理违规。首先在 PCB 浏览管理器的 Browse 下拉列表框中选择“Violations”选项，将 PCB 浏览管理器设置为浏览违规模式。

违规浏览器有三栏，中间一栏列出了当前电路板图中违规的种类，最下方一栏列出了具体的违规错误，它们属于中间栏所选取的违规类型。如果要看某个违规错误的详细说明，单击浏览器的最下方的“Details...”按钮，则屏幕上会弹出相应对话框。

该对话框详细说明了这个违规是违反了什么规则，并说明违规的图件。对话框下方有“Highlight”和“Jump”两个按钮，这两个按钮与 PCB 浏览管理器中的最下一栏的两个按钮作用相同。

处理违规错误的方法是：

① 找到错误的图件：选择一个违规错误，单击 PCB 浏览管理器下方的“Highlight”按钮，则违规的图件会闪动一下，提示设计者错误的位置。如果错误位置不在窗口以内，

或者太小而看不见，则可单击"Jump"按钮，则发生错误的图件会立即被放大显示在窗口的中心位置。

② 找到了错误位置更正后，PCB 浏览管理器中的相应错误项就会消失，同时已更正的图件不再高亮显示，表示该项违规已被排除。若还有其他的错误，还可按以上步骤依次排除。

(2) 违规量大时的处理方法：

① 在 Design Rules Checking 对话框的 Report 选项卡中，减少 Stop when...violation found 的值，例如 20 个。先解决这 20 个，再检查再修改，直到所有违规全部排除。

② 在 Design Rules Checking 对话框中，一次只选取一类进行检查，这样检查报告中只出现一种类型违规的说明，而每一类违规的排除方法是相同的，可以很快地排除这类所有违规。

二、电路板信息报表

电路板信息报表包含电路板的各种详细信息：尺寸、元件个数、网络等。

执行菜单命令 Reports | Board Information...，系统弹出图 7-42 所示的 PCB Information 对话框，观察电路板的各种详细信息，如需报表，可单击 Report...按钮。

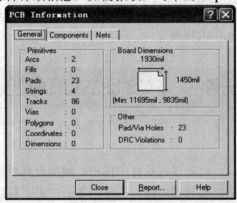

(a) General 选项卡

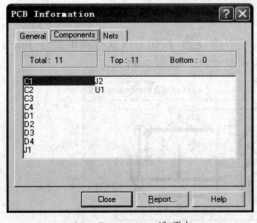

(b) Components 选项卡　　　　　　　　(c) Nets 选项卡

图 7-42 PCB Information 对话框

三、PCB 元件报表

PCB 元件报表主要用于整理一个电路或一个项目文件中所有的元件。它主要包括元件的标号、参数、封装等。

方法 1：执行菜单命令 Edit | Export to Spread...，弹出 Exporting Attributes to Spread Sheet 对话框，单击 Next，只在 Component(元件)前标上"×"，单击 Next，只在 Comment(参数)、Name(标号)、Pattern(封装)前标上"×"，单击 Next，单击 Finish，则生成了与 PCB 文件同名的电子表格 *.xls 文件。

该方法还可以用于检查元件情况，必要的话在该*.xls 文件中适当修改，更改完成后用"File | Update"功能更新 PCB 电路图。该方法通常用于修改元件的标号、参数。

方法 2：执行菜单命令 File | New...，弹出 New Document 对话框，选择 Output Configuration(辅助制造输出设置文件)，单击 OK 按钮，生成 *.cam 文件，双击打开该 *.cam 文件，弹出 Choose PCB 对话框，选择要生成元件报表的 PCB 文件，单击 OK 按钮，进入 Output Wizard(输出向导)对话框，单击 Next，选择 Bom，单击 Next，输入元件报表的名称，多次单击 Next 直至 Finish，生成了 *.bom 文件。执行菜单命令 Tools | Generate CAM Files...，弹出 Confirm Folder Replace 对话框，单击 Yes(Yes to all、No)，生成一个新的文件夹"CAM for PCB 文件名"，双击打开该新文件夹(包括两个文件)，双击打开新文件夹中的"BOM for PCB 文件名.bom"的报表文件。

任务四　　PCB 图的打印输出

一、打印电路板图

印制电路板图绘制好后，就可以进行打印输出，输出电路板图可以采用 Gerber 文件、绘图仪或普通打印机。采用打印机输出时，在打印之前，先要对打印机进行设置，包括打印机的类型、纸张大小、电路图纸的设置等内容，然后再进行打印输出。

1. 打印机的设置

打开 PCB 文件，如 dy.PCB，单击主工具栏中的 🖨 按钮，或执行菜单命令 File | Printer/Preview，系统生成 Preview dy.PPC 打印预览文件，如图 7-43 所示。

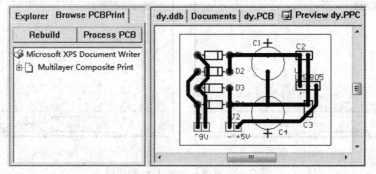

图 7-43　打印预览

执行菜单命令 File | Setup Printer...，系统弹出如图 7-44 所示的打印设置对话框。

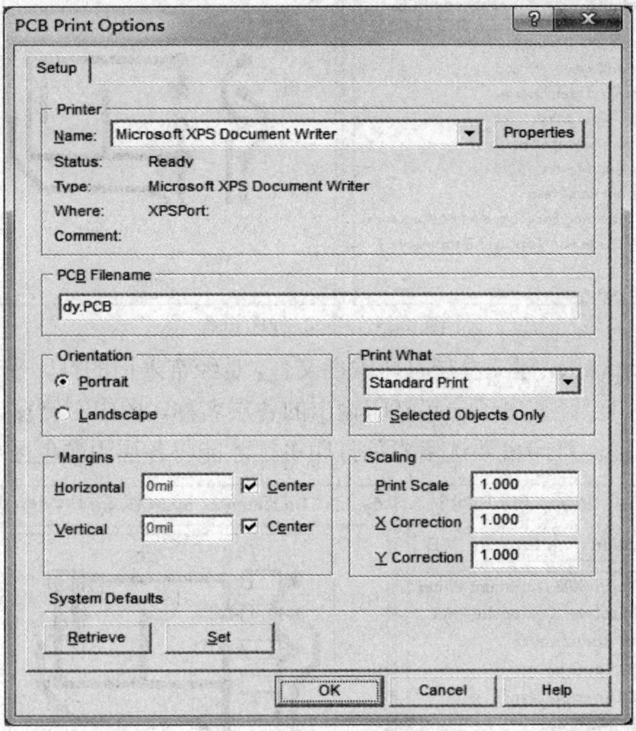

图 7-44　打印设置对话框

设置内容如下：

(1) 在 Printer 选项区域的 Name 下拉列表框中，可选择打印机的型号。

(2) 在 PCB Filename 文本框中，显示要打印的 PCB 文件名。

(3) 在 Orientation 选项区域可选择打印方向，包括 Portrait(纵向)和 Landscape(横向)。

(4) 在 Margins 选项区域，在 Horizontal 文本框可设置水平方向的边距范围，选中 Center 复选框，将以水平居中方式打印；在 Vertical 文本框可设置垂直方向的边距范围，选中 Center 复选框，将以垂直居中方式打印。

(5) 在 Scaling 选项区域，Print Scale 文本框用于设置打印输出时的放大比例；X Correction 和 Y Correction 两个文本框用于调整打印机在 X 轴和 Y 轴的输出比例。

(6) 在 Print What 下拉列表框中有三个选项：Standard Print(标准打印)、Whole Board On Page(整块板打印在一张图纸上)、PCB Screen Region(打印电路板屏幕显示区域)。

所有设置完成后，单击 OK 按钮，完成打印机设置。

2. 设置打印模式

Protel 99 SE 提供了一些常用的打印模式。用户可以从 Tools 菜单项中选取，菜单中各项的功能如下：

(1) Create Final：建立分层打印输出文件，是经常采用的打印模式之一。如图 7-45 所示，图中左侧窗口已经列出了各层打印输出时的名称，选中某层，图中的右侧窗口将显示该层打印的预览图。

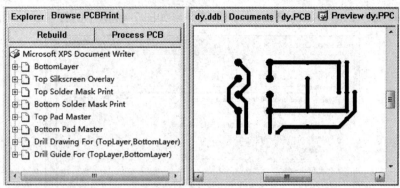

图 7-45　Final 打印模式

(2) Create Composite：建立叠层打印输出文件，是经常采用的打印模式之一。如图 7-46 所示，图中左侧窗口已经列出了一起打印输出的各层名称，图中右侧窗口显示了各层叠加在一起的打印预览图。打印机要选用彩色打印机，才能将各层用颜色区分开。

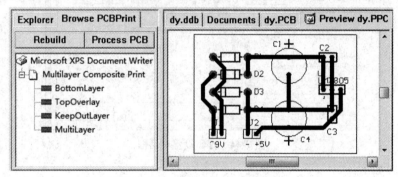

图 7-46　Composite 打印模式

(3) Create Power-Plane Set：建立电源/接地层打印输出文件。

(4) Create Mask Set：建立阻焊层与锡膏层打印输出文件。

(5) Create Drill Drawings：建立钻孔图打印输出文件。

(6) Create Assembly Drawings：建立安装图打印输出文件。

(7) Create Composite Drill Guide：建立钻孔指示图打印输出文件。

3. 打印输出层设置

在打印电路板图中，往往需要选择打印输出某些工作层，以便进行设计检查。在 Protel 99 SE 中可以自行定义打印输出的工作层。在 PCB 打印浏览器中，单击鼠标右键，系统弹出如图 7-47 所示的打印层面设置菜单。

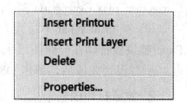

图 7-47　打印层面设置菜单

选择 Insert Printout 命令；系统弹出如图 7-48 所示的 Printout Properties(打印输出属性)对话框，其中 Printout Name 用于设置输出文件名；Components 用于设置元件的打印层面；在 Options 区域选中 Show Holes，则打印输出中显示焊盘和过孔的插孔；Layers 用于设置输出的工作层，单击 Add...按钮，系统弹出如图 7-49 所示的对话框，可以设置输出层面。对于不需要打印的层，可以选中该层后单击 Remove...按钮删除。

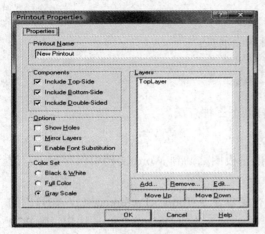
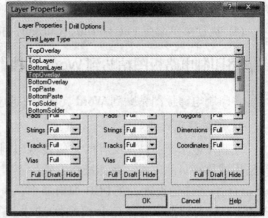

图 7-48 输出文件设置对话框　　　　　　图 7-49 输出层面设置对话框

在输出层面设置中可以添加打印输出的层面和各种图件的打印效果，设置完毕，单击 OK 按钮，返回如图 7-48 所示的界面，单击 OK 按钮结束设置。在 PCB 打印浏览器中产生新的打印预览文件 New Printout，共新设定了两个输出层面 TopOverlay 和 KeepOutLayer，如图 7-50 所示。

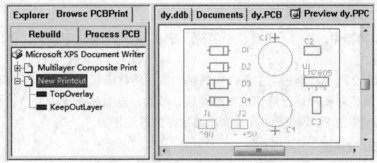

图 7-50　新的打印预览文件 New Printout

选中图 7-50 中的工作层，单击鼠标右键，在弹出的菜单中选择 Insert Printout，可弹出如图 7-48 所示的输出文件设置对话框，可以修改当前输出层面的设置。

选中图 7-50 中的工作层，单击鼠标右键，在弹出的菜单中选择 Insert Print Layer，可直接进入如图 7-48 所示的输出层面设置对话框，进行输出层面设置。

选中图 7-50 中的工作层，单击鼠标右键，在弹出的菜单中选择 Delete，可以删除当前输出层面。

选中图 7-50 中的工作层，单击鼠标右键，在弹出的菜单中选择 Properties...，可进入图 7-49 所示的输出层面设置对话框，进行输出层面的设置修改。

4. 打印输出

设置好打印机，确定打印模式后，就可执行主菜单 File 中的 4 个打印命令，进行打印输出。

(1) 执行菜单命令 File | Print All，打印所有的图形。

(2) 执行菜单命令 File | Print Job，打印操作对象。

(3) 执行菜单命令 File | Print Page，打印指定页面。执行该命令后，系统弹出页码输

入对话框，以输入需要打印的页号。

(4) 执行菜单命令 File | Print | Current，打印当前页。

二、将印制电路板图粘贴到 Word 文档中

将印制电路板图粘贴到 Word 文档中主要有以下三种方法。

1. 屏幕拷贝

在制作电子产品技术文件时，需要将印制电路板图粘贴到 Word 文档中保存起来。通常采用屏幕拷贝的方式，具体操作方式如下：

(1) 背景颜色设置。在 PCB 编辑器中，执行菜单命令 Tools | Preferences...，在弹出的 Preferences 对话框中选择 Colors(颜色)选项卡，单击左下角的 Default Colors 按钮，则 PCB 设计环境的背景颜色即底色为淡黄色。

(2) 复制 PCB 图到 Word 文档中。在 PCB 编辑器中，单击主工具栏中的◎按钮显示整个 PCB 图，再按键盘上的"PrtSc"进行屏幕拷贝。

回到 Word 文档中，单击主工具栏中的粘贴按钮将 PCB 图粘贴到 Word 文档中，再利用图片工具栏对图片进行剪切、大小调整、版式、压缩等处理。

2. 拷贝打印预览

在 PCB 编辑器中，单击主工具栏中的🖨 按钮，系统生成打印预览文件，单击主工具栏中的📋按钮。

回到 Word 文档中，单击主工具栏中的粘贴按钮将打印预览图粘贴到 Word 文档中，再利用图片工具栏对图片进行剪切、大小调整、版式、压缩等处理。

这种方式制作的 PCB 图清晰度较高，通常作为首选使用。

3. 拷贝 3D 效果图

在 PCB 编辑器中，单击主工具栏中的🖼 按钮，系统生成显示整个印制电路板的 3D 效果图，再按键盘上的"PrtSc"进行屏幕拷贝。

回到 Word 文档中，单击主工具栏中的粘贴按钮将打印预览图粘贴到 Word 文档中，再利用图片工具栏对图片进行剪切、大小调整、版式、压缩等处理。

练　习

1. 根据图 7-2 的 +5 V 直流稳压电源 PCB 电路原理图和表 7-1 的 +5 V 直流稳压电源 PCB 电路元件绘制相应的单面 PCB。

2. 在完成练习 1 绘制 PCB 的基础上，将元件 C2 的参数改为 0.33 μF，将元件 C2、C3 的封装均改为 RAD 0.2，更新所画的原理图和 PCB 图。

3. 在完成练习 2 绘制 PCB 的基础上，进行 DRC 检查，正确无误后生成 PCB 元件报表、电路板信息报表，再将原理图和 PCB 图粘贴到 Word 文档中并处理好。

4. 根据项目五中的图 5-1 和表 5-1 中的方案一封装完成 555 多谐振荡器(音频)的 PCB 设计。

项目八　PCB 封装的绘制

学习目标:

(1) 掌握 PCB 封装库文件的新建。

(2) 熟悉 PCB 封装库管理器。

(3) 掌握利用向导创建 PCB 封装。

(4) 掌握人工绘制 PCB 封装。

(5) 掌握 PCB 封装的修改。

任务一　PCB 封装库编辑器

　　PCB 封装,也称为 PCB 元件。在设计印制电路板时需要元件封装,尽管 Protel 99 SE 中提供的元件封装库相当完整,但随着电子技术的发展,不断推出新型的电子元件,元件的封装也在推陈出新,经常会遇到一些 Protel 99 SE 中没有提供的元件封装。对于这种情况,一方面需要设计者对已有的元件封装进行改造,另一方面需要设计者自行创建新的元件封装。

一、认识 PCB 封装库编辑器

1. 新建 PCB 封装库文件

　　新建 PCB 封装库文件的方法与新建电路原理图元件库的方法相同,只是选择的图标不同。新建 PCB 封装库文件的扩展名是.Lib。

　　启动 Protel 99 SE,打开一个设计数据库文件,执行菜单命令 File | New...,系统弹出如图 1-13 所示的 New Document 对话框,在该对话框中选择 PCB Library Document(PCB 封装库文件)图标,单击 OK 按钮,则在该设计数据库中建立了一个默认名为 PCBLIB1.Lib 的文件,可更改文件名。

　　新建 PCB 封装库文件的窗口如图 1-14 所示,双击 PCB 封装库文件 PCELIB1.Lib,进入如图 8-1 所示的 PCB 封装库编辑器主界面。

　　图 8-1 所示为 PCB 封装库编辑器主界面,与原理图元件库编辑器界面相似,菜单栏及主工具栏也基本一致,也可以通过菜单或按键进行放大、缩小屏幕等操作。

　　同样其工作窗口呈现出一个十字线(在不执行任何放大、缩小屏幕操作的情况下),十字线的中心即是坐标原点,通常在坐标原点附近进行元件封装的编辑。

　　PCB 封装库编辑器中也提供了一个工具栏,即放置工具栏。通过放置工具栏,可以放置连线、焊盘、过孔、字符串、圆弧、尺寸、坐标和填充块等对象,方便设计者绘制元件封装。

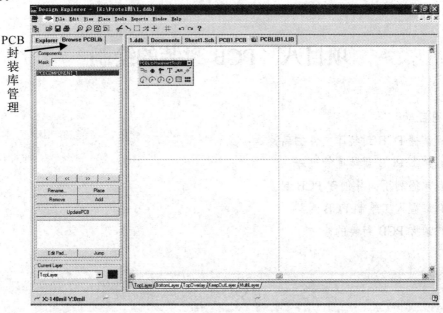

图 8-1 PCB 封装库编辑器主界面

2. PCB 封装库管理器

PCB 封装库管理器 Browse PCBLib 选项卡如图 8-1 所示。其功能和使用方法与原理图元件库管理器 Browse SchLib 选项卡基本相同。

二、常用系统设置

1. 选项设置

(1) 设置工作层。执行菜单命令 Tools | Library Options...，弹出 Document Options 对话框，在 Layers 选项卡中设置工作层，如图 8-2 所示，单击 OK 按钮。

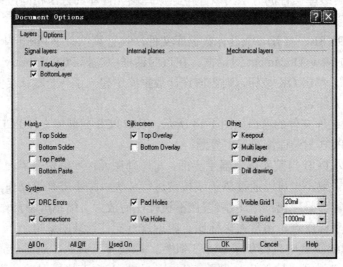

图 8-2 设置工作层

(2) 设置栅格。执行菜单命令 Tools | Library Options...，弹出 Document Options 对话框，将 Options 选项卡的 Grids 区域下的栅格全部改为 5 mil 或更小，如图 8-3 所示，单击 OK 按钮。

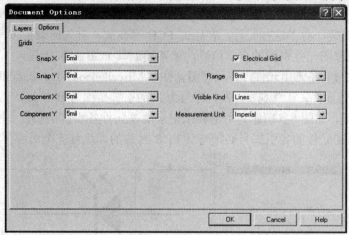

图 8-3 设置栅格

2. 参数设置

执行菜单命令 Tools | Preferences...，弹出 Preferences 对话框，例如，设置光标形状的方法：

在 Options 选项卡的 Other 区域下，将 Cursor Type 处的下拉列表框中选为 Large 90，如图 8-4 所示，单击 OK 按钮，即将光标设置成了大 90°，这样方便了实际封装的绘制。

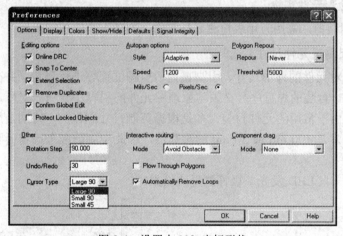

图 8-4 设置大 90° 光标形状

其他参数设置与 PCB 中的参数设置相似，这里就不再一一介绍了。

任务二 人工绘制发光二极管的 PCB 封装

人工绘制 PCB 封装方式一般用于不规则或不通用的元件封装，就是利用 PCB 封装库的绘图工具，按照元件的实际尺寸画出该元件的封装图形。

下面以 LED 发光二极管为例，介绍人工绘制 PCB 封装的操作步骤与方法。

一、记录原理图元件的各引脚

有些元件在 Protel 99 SE 的常用原理图元件库中有原理图元件，却在 PCB 封装库中没有相应的 PCB 封装，对于这些元件，在绘制 PCB 封装前，首先应调出该元件的原理图元件，记录清楚原理图元件引脚的全部信息，以备绘制其 PCB 封装所需。

LED 发光二极管是常用元件，在原理图元件库 Miscellaneous Devices.ddb 中有其引脚的详细信息，找到该元件，认真观察，发现序号为 A 的引脚名称为 1(＋ 极)，序号为 K 号的引脚名称为 2(－ 极)，如图 8-5 所示。用笔和纸记录清楚元件各引脚的极性、序号等，绘制封装时，要求原理图元件的各引脚号必须与其 PCB 封装的焊盘号完全对应，不然容易出错。

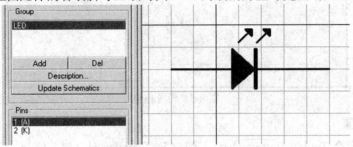

图 8-5　原理图元件 LED

二、PCB 封装的测量

1. 万用表检测元件实物

绘制 PCB 封装前，需用万用表检测元件实物，判断引脚的功能或极性，做好记录。

2. 游标卡尺测量元件尺寸

用游标卡尺对元件的外形尺寸、引脚直径、引脚位置等进行测量，并在纸上绘制好草图，要注意 PCB 封装的焊盘序号必须与原理图元件的引脚序号一一对应，焊盘大小及孔径要设计得当。由于常用的元件封装大多是根据英制尺寸制作的，特别是焊盘间距必须用英制来绘制，通常是 100 mil 或 50 mil 的整数倍，因此绘制前应考虑将所测量尺寸的毫米数转换为英制。

图 8-6 是对一只 LED 发光二极管测量的结果。

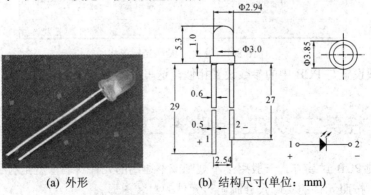

(a) 外形　　　　　　(b) 结构尺寸(单位：mm)

图 8-6　发光二极管封装 LED

三、建立新 PCB 封装

在 PCB 封装库编辑器中，单击 PCB 封装库管理器中的 Add 按钮，或执行菜单命令 Tools | New Component…，系统弹出 PCB 封装生成向导对话框，如图 8-7 所示，单击 Cancel 按钮，则建立了一个新的 PCB 封装编辑画面，新元件的默认名是 PCBCOMPONENT-1(注：如果是新建一个 PCB 封装库，系统自动打开一个新的画面，可以省略这一步)。

图 8-7 PCB 封装生成向导对话框

四、放置第 1 个焊盘及坐标原点的设置

(1) 放置第 1 个焊盘，并设置坐标原点。执行菜单命令 Place | Pad，或单击放置工具栏的 ● 按钮，移动光标到栅格的交点上，单击鼠标左键放置第 1 个焊盘。双击该焊盘，在弹出的焊盘属性设置对话框中，设置标号 Designator 为 A(与原理图元件的引脚序号对应)，X 坐标位置 X-Location 为 0 mil，Y 坐标位置 Y-Location 为 0 mil，如图 8-8 所示。

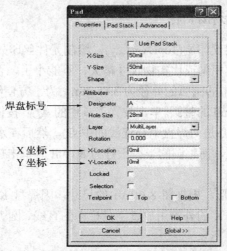

图 8-8 焊盘属性设置对话框

(2) 使用菜单命令设置坐标原点。若自建的封装离坐标原点较远，则将该封装放入 PCB 中时，可能不在视野范围内或因鼠标点不到该封装而无法操作，因此必须将自己绘制的封装设置坐标原点。通常将第 1 个焊盘放置在坐标原点。

执行菜单命令 Edit | Set Reference | Pin 1，使坐标原点设置在第 1 个焊盘上。

五、放置其他焊盘及焊盘属性的全局编辑

按照两焊盘的间距为 2.54 mm(100 mil)的要求，观察状态栏处的光标的坐标位置，放置好第 2 个焊盘，设置标号 Designator 为 K(与原理图元件的引脚序号对应)。

如果元件的引脚全部较粗，则焊盘的直径和孔径均要相应增大，可利用焊盘属性对话框中的全局编辑功能统一修改焊盘的尺寸。例如将焊盘的直径设为 60 mil，通孔直径设为 30 mil，则双击任一焊盘，进入焊盘属性设置对话框进行全局编辑设置，如图 8-9 所示。

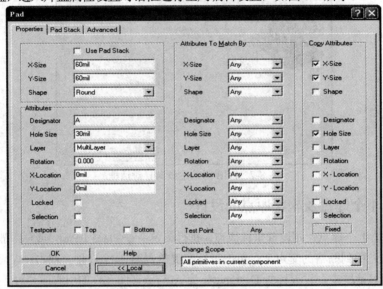

图 8-9　全局编辑设置

六、绘制元件丝印外形和标注

将工作层切换为顶层丝印层(TopOverLay)，绘制元件丝印外形和标注。注意：元件外形的绘制只能与实物尺寸相同或比实物尺寸略大，不能小了，否则可能会安装不下。

(1) 画圆弧。图 8-6 中的圆弧的外径为 3.85 mm，为了方便绘制，选择绘制直径为 160 mil (4 mm)，即半径为 80 mil 的整圆。单击放置工具栏的 ⊙ 按钮，或执行菜单命令 Place | Full Circle，单击圆心(圆心是两焊盘中心连线的中点)，然后在水平移动光标的同时观察状态栏处的光标的坐标位置，使整圆的半径正好为 80 mil 时单击放置。也可以画好整圆后再修改其半径。

(2) 画标示负极的图形。根据图 8-6(b)中的尺寸，因焊盘 K 是负极，在圆面上有缺口标示，因此可紧靠在焊盘 K 的外侧用放置工具栏中的直线、圆弧等工具绘制标示负极的图形(不能覆盖焊盘)。

(3) 标注。虽然缺口处可以表示发光二极管的负极，但对于这类需自己绘制封装的有极性的元件，还可以用文字符号来强化标示出其极性或功能，这样能大大地降低安装时的出错率。如在发光二极管的正、负极附近分别标示出 A、K 加以说明。

单击放置工具栏的 **T** 按钮，或执行菜单命令 Place | String，此时光标变成十字形且粘

着上次的标注，移动光标到合适位置单击鼠标左键放下，双击该标注，弹出 String 对话框，在 Text 处输入需要的文字或符号，修改其 Height 和 Width 值，如图 8-10 所示，单击 OK 按钮完成此处的文字或符号的放置。用此方法放置 A、K，完成绘制的封装如图 8-11 所示。

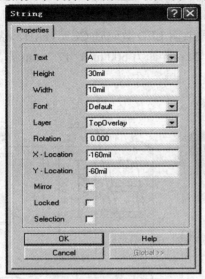

图 8-10　String 对话框　　　　　　　图 8-11　发光二极管的 PCB 封装

七、元件的命名与保存

(1) 封装重命名。在 PCB 封装库管理器中单击 Rename 按钮，或执行菜单命令 Tools | Rename Component...，在弹出的 Rename Component 对话框中将新建的发光二极管封装命名为 LED，如图 8-12 所示，单击 OK 按钮。

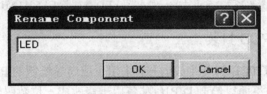

图 8-12　封装重命名对话框

(2) 保存。执行菜单命令 File | Save，或单击主工具栏的保存按钮，可将新建的发光二极管封装 LED 保存在 PCB 封装库中，在需要的时候可调用该元件封装。

任务三　一位数码管 PCB 封装的绘制

一、PCB 封装资料的查找与测量

有些元件既没有原理图元件又没有 PCB 封装，对这类元件，在绘制原理图元件之前已做过元件引脚功能的检测及相关功能资料的收集，并已完成了原理图元件的制作。绘制 PCB 封装前，还需根据实物查找元件相关的全部尺寸资料，如果没有查到元件相关的资料，则需对元件进行测量，在绘制好原理图元件的基础上，用游标卡尺对元件的外形尺寸、引

脚直径、引脚位置等进行测量，并在纸上绘制好草图，要注意 PCB 封装的焊盘序号必须与原理图元件的引脚号码一一对应，焊盘大小及孔径要设计得当。由于常用的元件封装大多是根据英制尺寸制作的，特别是引脚间距必须采用英制，通常是 100 mil 或 50 mil 的整数倍，因此绘制前应考虑将所测量尺寸的毫米数转换为英制。

如图 8-13 所示的元件是 0.5 英寸的一位共阴 LED 数码管 CL5011AH，经换算，其标注的主要尺寸中 2.54 mm 即为 100 mil，15.24 mm 即为 600 mil，12.7 mm 即为 500 mil，19 mm 即为 750 mil。

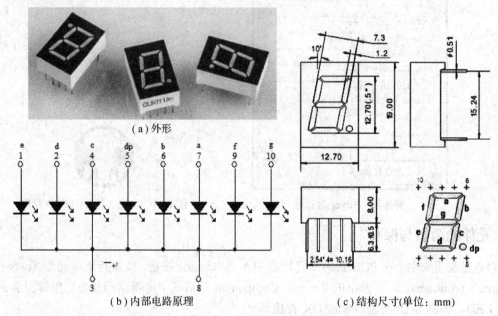

(a) 外形

(b) 内部电路原理   (c) 结构尺寸(单位: mm)

图 8-13   0.5 英寸的一位共阴 LED 数码管 CL5011AH

二、利用向导创建 PCB 封装

Protel 99 SE 提供了 PCB 封装生成向导，采用生成向导绘制的 PCB 封装一般针对符合通用标准的元件封装。下面以绘制 DIP10(准备用于修改成一位数码管 PCB 封装)的封装来讲解利用向导创建元件封装的操作步骤。

(1) 启动 PCB 封装生成向导。在 PCB 封装库编辑器中，执行菜单命令 Tools | New Component...，或在 PCB 封装库管理器中单击 Add 按钮，系统进入如图 8-7 所示的 PCB 封装生成向导对话框。

(2) 选择 PCB 封装样式。单击 Next 按钮，进入如图 8-14 所示的 PCB 封装样式列表框。系统提供了 12 种 PCB 封装的样式供设计者选择。

这 12 种元件封装样式如下：

Ball Grid Arrays(BGA)：球栅阵列封装；

Capacitors：电容封装；

Diodes：二极管封装；

Dual in-line Package(DIP)：双列直插封装；

Edge Connectors：边连接器封装；

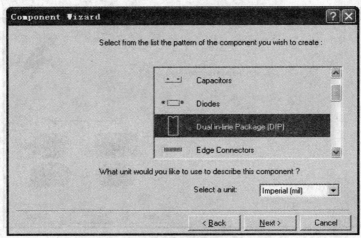

图 8-14　PCB 封装样式列表框

Leadless Chip Carrier(LCC)：无引线芯片载体封装；

Pin Grid Arrays(PGA)：引脚网格阵列封装；

Quad Packs(QUAD)：四边引出扁平封装；

Resistors：电阻封装；

Small Outline Package(SOP)：小尺寸封装；

Staggered Ball Grid Array(SBGA)：交错球栅阵列封装；

Staggered Pin Grid Array(SPGA)：交错引脚网格阵列封装。

这里选择 DIP 双列直插封装类型。另外，在对话框右下角还可以选择计量单位，默认为英制。

(3) 设置焊盘尺寸。单击 Next 按钮，进入如图 8-15 所示的设置焊盘尺寸的对话框。对需要修改的数值，在数值上单击鼠标左键，然后输入新数值即可。这里焊盘直径 X 为 100 mil，Y 为 50 mil，通孔直径为 25 mil。

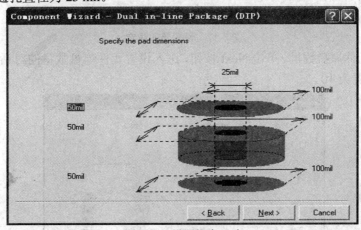

图 8-15　设置焊盘尺寸

(4) 设置焊盘间距。单击 Next 按钮，进入设置焊盘间距的对话框，如图 8-16 所示。对需要修改的数值，在数值上单击鼠标左键，然后输入新数值即可。这里设置水平间距为 600 mil，垂直间距为 100 mil。

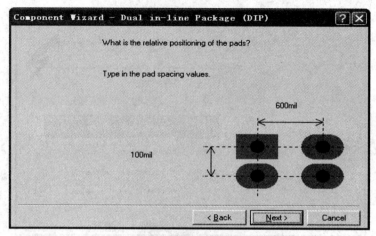

图 8-16　设置焊盘间距

(5) 设置丝印线宽。单击 Next 按钮，进入设置丝印线宽的对话框，如图 8-17 所示。这里设置为 10 mil。

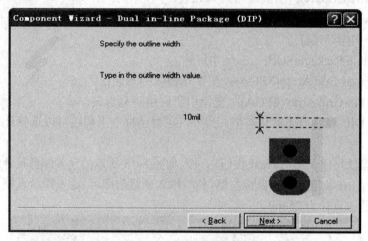

图 8-17　设置丝印线宽

(6) 设置元件焊盘数量。单击 Next 按钮，进入设置元件焊盘数量的对话框，如图 8-18 所示。这里设置为 10。

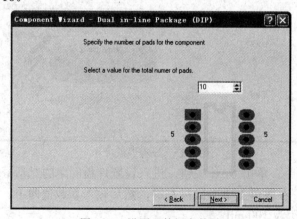

图 8-18　设置元件焊盘数量

(7) 设置元件名称。单击 Next 按钮，进入设置元件名称的对话框，如图 8-19 所示。这里设置为 DIP10。

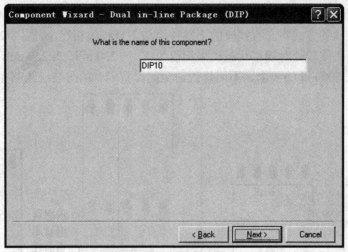

图 8-19　设置元件名称

(8) 完成。单击 Next 按钮，系统进入完成对话框，如图 8-20 所示，单击 Finish 按钮，生成的新 PCB 封装 DIP10 如图 8-21 所示。最后将其保存到 PCB 封装库中。

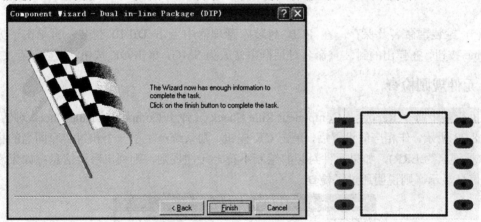

图 8-20　完成对话框　　　　　图 8-21　生成的新 PCB 封装 DIP10

三、修改已有封装

在 PCB 封装库的图形编辑区中，将已生成的 DIP10 修改为如图 8-13 所示尺寸的一位 LED 数码管的 PCB 封装。

修改步骤如下：

(1) 全选图形，旋转 90° 后取消选择。

(2) 设置坐标原点。

为了方便封装的对称绘制，可将坐标原点设置在封装的中心。

执行菜单命令 Edit | Set Reference | Center，将参考坐标原点设置在图形的正中，这样方便图形的对称绘制与修改，如图 8-22(a)所示。

(3) 删除多余的图形部分。删除一小段圆弧和与其相连的一段直线，如图 8-22(b)所示。

(4) 修改图形。观察状态栏光标移动的坐标值，以不断线拖动的方式分别将上、下直线段移至 Y:375 mil、Y:−375 mil 处放下，如图 8-22(c)所示。

以不断线拖动的方式将左直线段的下端移至与下直线段相连，如图 8-22(d)所示；光标分别移至左、右直线段处时观察状态栏坐标值为 X: −250 mil、X:250 mil，说明位置满足水平直线段总长 500 mil 的要求，不用修改。至此，数码管的封装已绘制完成。

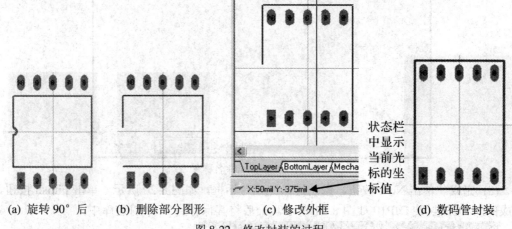

(a) 旋转 90°后　　　(b) 删除部分图形　　　(c) 修改外框　　　(d) 数码管封装

图 8-22　修改封装的过程

(5) 封装重命名及保存。在 PCB 封装库管理器中点击 DIP10 封装，再单击下方的 Rename 按钮，在弹出的封装重命名对话框中修改为 SMG，单击 OK 按钮，然后保存文件。

四、元件规则检查

执行菜单命令 Reports | Component Rule Check...，弹出 Component Rule Check 对话框，如图 8-23 所示，作相应的设置后，单击 OK 按钮，则系统产生了一个和封装库同名的报表文件(扩展名为.ERR)，如果元件封装的绘制不符合元件规则，则列出错误信息；如果没有错误信息显示，则说明通过了检查。

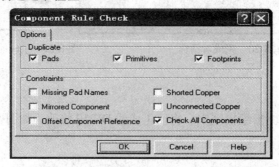

图 8-23　Component Rule Check 对话框

练　习

1. 新建一个 PCB 封装库，下面各题的封装都在其中建立及完成。

2. 根据如图 8-6 所示发光二极管绘制如图 8-11 所示发光二极管的 PCB 封装 LED。

3. 根据如图 8-13 所示数码管绘制如图 8-22(d)所示数码管的 PCB 封装 SMG。

4. 实测三端稳压器 LM7805 的外形尺寸及散热片的厚度，在 Advpcb.ddb\PCB Footprints.Lib 封装库中找到封装 TO-126，拷贝到练习 1 自建的 PCB 封装库中，将其修改为背部带有散热片的封装，改名为 LM7805，如图 8-24 所示。

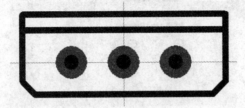

图 8-24　封装 LM7805

5. 利用向导生成电解电容的 PCB 封装 RB.1/.2，要求正确标出+级。

6. 图 8-25(a)所示为螺钉式 PCB 接线器(KF301 蓝色)，通常其引脚有 2 端和 3 端两种，需要多端连接时可由这两种进行组合。根据图 8-25(b)所示尺寸与引脚间距分别绘制图 8-25(a)所示的 2 端接线器和 3 端接线器的 PCB 封装。

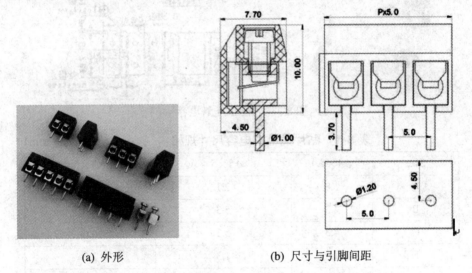

(a) 外形　　　　　　　　　(b) 尺寸与引脚间距

图 8-25　接线器

7. 如图 8-26 所示，实测一只 6 引脚的自锁按键开关，绘制其 PCB 封装 ZSKG。

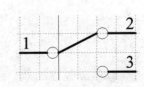

(a) 外形　　　　　　　　　(b) 原理图元件及引脚号

图 8-26　自锁按键开关

8. 根据图 8-27 所示的 4 引脚轻触开关，绘制其 PCB 封装 AN。

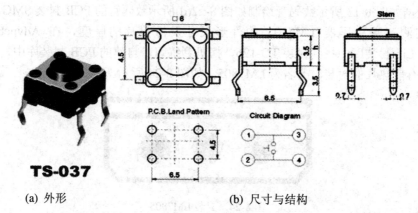

(a) 外形   (b) 尺寸与结构

图 8-27   轻触开关

9. 在网上查找贴片式电解电容的结构尺寸，如图 8-28 和表 8-1 所示，绘制一只 $\phi 5 \times 5.4$ 的贴片式电解电容的 PCB 封装 TP5。

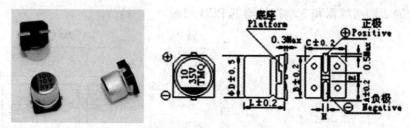

图 8-28   贴片式电解电容

表 8-1   贴片式电解电容尺寸规格   （单位：mm）

Size	$\phi 4 \times 5.4$	$\phi 5 \times 5.4$	$\phi 6.3 \times 5.4$
A	1.8	2.1	2.4
B	4.3	5.3	6.6
C	4.3	5.3	6.6
E	1.0	1.3	2.2
L	5.4	5.4	5.4
H	0.5～0.9		

项目九　PCB 综合设计实例

学习目标：

(1) 掌握 PCB 设计的流程和基本方法。

(2) 综合运用所学知识绘制不同类型的 PCB 图。

(3) 熟练进行各类图形的编辑与调整。

任务一　PCB 综合设计方法与技巧

一、PCB 综合设计步骤

PCB 综合设计一般遵循以下步骤：

(1) 库里没有的元件的资料查找和测量。

(2) 建立原理图元件库，绘制原理图元件。

(3) 建立 PCB 封装库，绘制 PCB 封装。

(4) 建立原理图文件，原理图文件设计环境的设置。

(5) 加载原理图元件库或在同一绘图界面下打开所需的原理图元件库。

(6) 绘制原理图。绘制原理图的目的是为了设计印制电路板，绘制原理图时应注意每个元件必须有封装，而且封装的焊盘号与原理图中元件引脚之间必须一一对应。

(7) 对原理图进行电气规则检查(ERC)，检查无错误后，生成网络表。

(8) 建立 PCB 文件，定义电路板。可以用直接定义电路板的方法，也可使用向导定义电路板。同时进行 PCB 设计环境的设置，确定工作层等。

(9) 加载 PCB 封装库或在同一 PCB 绘图界面下打开所需的 PCB 封装库。

(10) 加载网络表。加载网络表，实际上是将元件封装放入电路板图之中，元件之间的连接关系以网络飞线的形式体现。在加载网络表过程中，注意形成的宏命令是否有错；若有错，则查明原因进行修改。

(11) 放置端口或连接器。在有些原理图中，端口符号或电源符号是没有 PCB 封装的，因此 PCB 加载网络表后，端口或电源在 PCB 中没有实物体现，因此需要放置起到端口或电源作用的对象，如放置连接器或焊盘并根据原理图给每个焊盘起网络名，使之与电路正确连接。

(12) PCB 布局。采用自动布局和人工调整布局相结合的方式，将元件合理地放置在电路板中。在考虑电气性能的前提下，尽量减少网络飞线之间的交叉，以提高布线的布通率。

(13) 设计规则设置。在自动布线前，根据实际需要设置好常用的布线参数，以提高布线的质量。

(14) 自动布线。对某些特殊的连线可以先进行手工预布线，然后进行自动布线。

(15) 人工布线调整。观察电路板，若对元件布置或布线不满意，可以去掉布线，恢复到预拉线状态，重新布置元件后再自动布线。对部分布线，可以人工调整与布线。

(16) 标注文字的调整与添加。对丝印层上的标注文字进行调整，然后添加电路板必需的文字标注。

(17) 边框大小的调整及坐标原点的设定。完成布线后对 PCB 边框的大小进行调整，然后设定坐标原点。

(18) PCB 设计规则检查。对电路板进行设计规则检查，及时修改出现的错误。

(19) PCB 的 3D 显示。观察 3D 立体图的效果，如果不满意，及时回到 PCB 中修改，直到满意为止。

(20) PCB 报表的生成。生成报表文件的功能可以产生有关设计内容的详细资料，主要包括电路板状态、引脚、元件、网络表、钻孔文件和插件文件等。

(21) PCB 输出。采用打印机或绘图仪输出电路板图。也可以将所完成的电路板图存盘，或发 E-mail 给电路板制造商生产电路板。

二、PCB 布局、布线规范

1. PCB 布局规范

(1) 根据结构图设置板框尺寸，按结构要素布置安装孔、接插件等需要定位的器件，并给这些器件赋予不可移动属性。按工艺设计规范的要求进行尺寸标注。

(2) 根据结构图和生产加工时所需的夹持边设置印制板的禁止布局区和禁止布线区。根据某些元件的特殊要求，设置禁止布线区。

(3) 综合考虑 PCB 性能和加工的效率选择加工流程。

加工工艺的优选顺序为：元件面单面贴装—元件面插装、焊接面贴装一次波峰成型—双面贴装—元件面贴插混装、焊接面贴装。

(4) 布局的基本原则：

① 遵照"先大后小，先难后易"的布置原则，即重要的单元电路、核心元器件应当优先布局。

② 布局中应参考原理框图，根据单板的主信号流向规律安排主要元器件。

③ 布局应尽量满足以下要求：总的连线尽可能短，关键信号线最短；高电压、大电流信号与小电流、低电压的弱信号完全分开；模拟信号与数字信号分开；高频信号与低频信号分开；高频元器件的间隔要充分。

④ 相同结构电路部分，尽可能采用"对称式"布局。

⑤ 按照均匀分布、重心平衡、版面美观的标准优化布局。

⑥ 器件布局栅格的设置，一般 IC 器件布局时，栅格应为 50～100 mil；小型表面安装器件，如表面贴装元件布局时，栅格设置应不少于 25 mil。

(5) 同类型插装元器件在 X 或 Y 方向上应朝一个方向放置。同一种类型的有极性分立元件也要力争在 X 或 Y 方向上保持一致，便于生产和检验。

(6) 发热元件一般应均匀分布，以利于单板和整机的散热，除温度检测元件以外的温度敏感器件应远离发热量大的元器件。

(7) 元器件的排列要便于调试和维修，亦即小元件周围不能放置大元件，需调试的元器件周围要有足够的空间。

(8) 需用波峰焊工艺生产的单板，其紧固件安装孔和定位孔都应为非金属化孔。

(9) 焊接面的贴装元件采用波峰焊接生产工艺时，阻容件轴向要与波峰焊传送方向垂直，阻排及引脚间距大于等于 1.27 mm(50 mil) 的 SOP 元器件轴向与传送方向平行；引脚间距小于 1.27 mm(50 mil) 的 IC、SOJ、PLCC、QFP 等元器件避免用波峰焊焊接。

(10) BGA 与相邻元件的距离大于 5 mm，其他贴片元件相互间的距离大于 0.7 mm；贴装元件焊盘的外侧与相邻插装元件的外侧距离大于 2 mm；有压接件的 PCB，压接的接插件周围 5 mm 内不能有插装元器件，在焊接面其周围 5 mm 内也不能有贴装元器件。

(11) 在 PCB 上增加必要的去耦电容，滤除电源上的干扰信号，使电源信号稳定。IC 去耦电容的布局要尽量靠近 IC 的电源引脚，并使之与电源和地之间形成的回路最短。

(12) 元件布局时，应适当考虑使用同一种电源的器件尽量放在一起，以便于将来的电源分隔。

(13) 布局完成后打印出装配图，供原理图设计者检查器件封装的正确性，并且确认单板、接插件的信号对应关系等，经确认无误后方可开始布线。

2. PCB 布线规范

(1) 布线优先次序。

关键信号线优先：电源、模拟小信号、高速信号、时钟信号和同步信号等关键信号优先布线。

密度优先原则：从单板上连接关系最复杂的器件着手布线，从单板上连线最密集的区域开始布线。

(2) 自动布线。在布线质量满足设计要求的情况下，可使用自动布线器以提高工作效率，为了更好地控制布线质量，一般在自动布线前要详细定义布线规则。

(3) 布线注意事项：

① 布线时尽量走短、直的线，特别是数字电路高频信号线，应尽可能的短且粗，以减少导线的阻抗。

② 布线时应使用 135° 转角或圆角，杜绝小于 90° 尖锐转角。90° 转角也尽量不使用，这在高频高密度情况下更要如此，以免对外产生不必要的辐射。

③ 相邻两层的布线要避免平行，以免容易形成实际意义上的电容而产生寄生耦合。例如双面板的两面布线宜相互垂直、斜交或弯曲走线。

④ 数据线尽可能宽一点，以减少导线的阻抗。数据线的宽度至少不小于 12 mil(0.3 mm)，可以的话，采用 18～20 mil(0.46～0.5 mm) 的宽度就更为理想。

⑤ 注意布线过程中过孔使用越少越好。数据表明，一个过孔带来约 0.5 pF 的分布电容，减少过孔数量能显著提高速度。

⑥ 同类的地址线或数据线，走线的长度差异不要太大，否则短的线要人为弯曲加长走线，补偿长度的差异。

3. PCB 设计应该遵循的规则

(1) 环路最小规则，即信号线与其回路构成的环面积要尽可能小，环面积越小，对外的辐射越少，接收外界的干扰也越小。

(2) 一般不允许出现一端浮空的布线，主要是为了避免产生"天线效应"。

(3) 同一网络的布线宽度应保持一致，线宽的变化会造成线路特性阻抗不均匀，当传输的速度较高时会产生反射，在设计中应该尽量避免这种情况。在某些条件下，如无法避免线宽的变化，应该尽量减少中间不一致部分的有效长度。

(4) 防止信号线在不同层间形成自环，以免引起辐射干扰。

(5) 对高频信号的布线，长度不得与其波长成整数倍关系，以免产生谐振现象。

(6) 为了防止不同工作频率的模块之间的互相干扰，应尽量缩短高频部分的布线长度。通常将高频部分布设在靠近接口部分处以减少布线长度，这样布局后仍然要考虑到低频信号可能受到的干扰。同时还要考虑到高/低频部分地平面的分割问题，通常采用将二者的地分割，再在接口处单点相接。

(7) 不同电源层在空间上要避免重叠，主要是为了减少不同电源之间的干扰，特别是一些电压相差很大的电源之间，难以避免时可考虑中间隔地层。

(8) 为了减少线间串扰，应保证线间距足够大。当线中心间距不少于 3 倍线宽时，则可保持 70%的电场不互相干扰，称为 3 W 规则。如要达到 98%的电场不互相干扰，可使用 10 倍线宽的间距。

(9) 由于电源层与地层之间的电场是变化的，在板的边缘会向外辐射电磁干扰，称为边沿效应。解决的办法是将电源层的板边内缩，使得电场只在接地层的范围内传导。以一个 H(电源和地之间的介质厚度)为单位，若内缩 20 H 则可以将 70%的电场限制在接地层边沿内；内缩 100 H 则可以将 98%的电场限制在内。

(10) 印制板层数选择规则，即时钟频率到 5 MHz 或脉冲上升时间小于 5 ns，则 PCB 须采用多层板，这是一般的规则，有的时候出于成本等因素的考虑，采用双层板结构时，最好将印制板的一面作为一个完整的地平面层。

三、由 PCB 图生成相应的封装库

(1) 由 PCB 文件生成相应的封装库。在已完成 PCB 图形绘制的 PCB 编辑器中，执行菜单命令 Design | Make Library，则在源 PCB 文件所在文件夹中产生了一个和源 PCB 文件同名的封装库文件，并处于当前打开状态，该封装库文件包含源 PCB 文件中所有的封装。

(2) 应用。有了由 PCB 文件生成相应的封装库，对及时修改元件封装进而修改 PCB 带来了极大的方便，特别是 Protel 99 SE 自带的封装库中，有些封装在使用时发现不是十分理想。这时可以在由 PCB 文件生成的封装库中修改元件封装后，单击 Browse PCBLib 中的 UpdataPCB 按钮，则源 PCB 文件中相应的封装均已全部改好。

四、设计原理图及 PCB 图常见错误

1. 原理图设计常见错误

(1) ERC 报告引脚没有接入信号：

① 创建封装时给引脚定义了 I/O 属性；

② 创建元件或放置元件时修改了不一致的 Grid 属性，引脚与线没有连上；

③ 创建元件时 Pin 方向反向，圆头(电气节点)必须朝外。

(2) 元件跑到图纸界外：没有在原理图元件库图纸坐标原点处创建元件。

(3) PCB 加载网络表后发现部分元件的焊盘没有飞线：原理图中的导线（有电气意义）误用直线（无电气意义）画出，使得产生的网络表本身已有缺失。

(4) 当使用自己创建的多部分组成的元件时，千万不要使用 Annotate。

2. PCB 中设计常见错误

(1) 网络载入时报告 NODE 没有找到：

① 原理图中的元件使用了 PCB 封装库中没有的封装；

② 原理图中的元件使用了 PCB 封装库中名称不一致的封装；

③ 原理图中的元件引脚号与相应的 PCB 封装的焊盘序号没有一一对应。如三极管，Sch 中引脚号为 e、b、c，而 PCB 封装的焊盘序号为 1、2、3。

(2) 打印时总是不能打印到一页纸上：

① 创建 PCB 封装时没有设置在原点；

② 多次移动和旋转了元件，PCB 板边界外有隐藏的字符。选择显示所有隐藏的字符，缩小 PCB，然后移动字符到边界内。

(3) DRC 报告网络被分成几个部分：表示这个网络没有连通。

任务二　555 多谐振荡器(闪烁)PCB 设计

一、555 多谐振荡器(闪烁)原理图设计

(1) 新建设计数据库文件 "555.ddb"，将文件夹 Document 改名为 "LED"，并在其中新建原理图文件 "555LED.sch"，并打开。

(2) 修改 NE555 原理图元件。采用加载原理图元件库或在当前原理图文件 "555LED.sch" 同一界面下打开 C:\Program Files\Design Explorer 99 SE\Library\Sch\Protel Dos Schematic Libraries.ddb\Protel Dos Schematic Linear.lib 的方法，在该库中找到 NE555 原理图元件，修改至图 9-1 所示元件，放置到原理图中。

(3) 绘制原理图并生成网络表。在 "555LED.sch" 中，综合运用所学知识，根据表 9-1 的元件清单绘制如图 9-1 所示的 555 多谐振荡器(闪烁)原理图，检查无误后，生成网络表文件 555LED.NET。

表 9-1　555 多谐振荡器(闪烁)元件清单

标号	参数	封装名称
U1	NE555	DIP8
R1	10 kΩ	AXIAL0.4
R2	12 kΩ	AXIAL0.4
R3	300	AXIAL0.4
LED	红色ϕ5	LED
C1	22 μF	RB.2/.4
C2	0.01 μF	RAD0.1
J1	+5 V 电源	SIP2

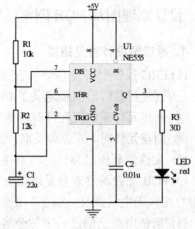

图 9-1　555 多谐振荡器(闪烁)原理图

二、PCB 封装的绘制

在文件夹"LED"中新建一个 PCB 封装库文件 PCBLIB1.LIB。打开该 PCB 封装库文件，绘制ϕ5 发光二极管的封装 LED，将坐标原点设在元件的中心，两焊盘间距为 100 mil，元件外径为 220 mil(5.8 mm)，标明极性，完成绘制，如图 9-2 所示，保存。

图 9-2　ϕ5 发光二极管的封装

三、555 多谐振荡器(闪烁)PCB 的生成与布局

(1) 新建 PCB 文件及定义电路板。在文件夹"LED"中新建一个 PCB 文件，命名为双面板.PCB，打开该文件，在禁止布线层绘制电气边框。

(2) 加载网络表。装入由原理图生成的网络表 555 LED.NET，修改错误直至无误，因元件较少，在框内手工布置，如图 9-3 所示。

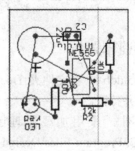

图 9-3　加载网络表后在框内布置

(3) 增加电源连接器。在图 9-1 所示的原理图中，电源符号没有 PCB 封装，因此 PCB 加载网络表后，需在 PCB 中增加连接器用于电源正、负极的接入，根据表 9-1 选用封装 SIP2 的插针，在 PCB 常用元件库 PCB Footprints.lib 中找到 SIP2，单击 Place 按钮，将其放置到 PCB 图的框内，双击封装 SIP2 设置元件标号 J1，元件名 +5 V，设置完成后，如

图 9-4(a)所示。

双击 J1 的 1 个焊盘，弹出焊盘属性对话框，选择 Advanced 选项卡，在 Net 的下拉列表框中选择焊盘网络名 +5 V，如图 9-5 所示，单击 OK 按钮，将此焊盘通过飞线连接到电路中的 +5 V 网络；再双击 J1 的另一个焊盘，同上方法，在 Net 的下拉列表框中选择焊盘网络名 GND，单击 OK 按钮，将此焊盘通过飞线连接到电路中的 GND 网络。这样就完成了 J1 与电路的正确连接，如图 9-4(b)所示。

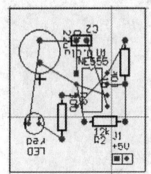

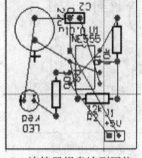

(a) 放置连接器　　　(b) 连接器焊盘连到网络

图 9-4　增加连接器

图 9-5　设置焊盘的网络名

(4) 隐藏所有元件的参数。双击任一元件，弹出元件属性对话框，选择 Comment 选项卡，选中 Hide，单击右下角的 Global 按钮，弹出整体属性设置对话框，如图 9-6 所示，单击 OK 按钮，在弹出的图 9-7 所示的 Confirm 提示框中点击 Yes 按钮，则所有元件的参数均已隐藏，将元件标号拖至所属元件附近。

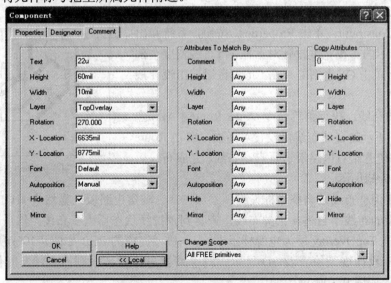

图 9-6　隐藏所有元件的参数

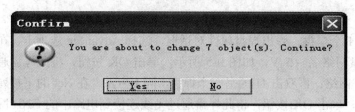

图 9-7　Confirm 提示框

（5）PCB 布局。人工调整布局，将元件合理地放置在电路板中。在考虑电气性能的前提下，尽量减少网络飞线之间的交叉，以提高布线的布通率，完成布局后，将元件标号调整为一个方向，方便识别与查阅，如图 9-8 所示。

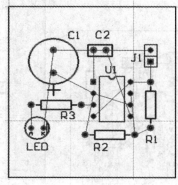

图 9-8　完成的 PCB 布局

四、555 多谐振荡器(闪烁)双面 PCB 的布线与完成

（1）设计规则设置。在 PCB 编辑器中，双面板是默认的，因是初学练习，为了提高难度，在这里将线宽加宽。执行菜单命令 Design | Rules...，弹出如图 7-20 所示的 Design Rules(设计规则)对话框，选中 Width Constraint，单击 Properties...按钮，系统弹出如图 7-27 所示的布线宽度设置对话框，将布线宽度全部改为 40 mil，单击 OK 按钮。单击 Close 按钮退出设计规则对话框。

（2）自动布线。执行菜单命令 Auto Route | All...弹出如图 7-30 所示的自动布线器设置对话框，单击 Route All 按钮，系统开始对电路板进行自动布线。完成布线后的效果如图 9-9 所示。

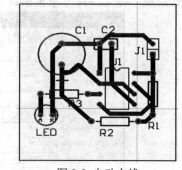

图 9-9　自动布线

（3）人工调整布线、调整边框大小、添加文字。观察电路板，显然从 U1 的焊盘 2 到 C1 下端焊盘的布线不合适，去掉布线，恢复到预拉线状态后人工布线。然后再调整边框的大小，并在 TopOverlay 层为电源标示出+、-极，完成的 PCB 如图 9-10(a)所示。

（4）PCB 设计规则检查及 3D 显示。对电路板进行设计规则检查，及时修改至无错后的 3D 显示如图 9-10(b)所示。

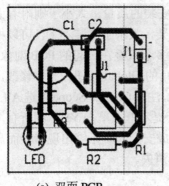
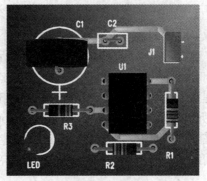

(a) 双面 PCB　　　　　　　　　　(b) 效果图

图 9-10　完成的双面 PCB

五、555 多谐振荡器(闪烁)单面 PCB 的布线与完成

如果布线能用单面板就不用双面板，这样能节省产品的成本，且提高布线的难度，使布线的技巧和方法在初学期间能得到全面的训练。

(1) 利用双面板文件修改成单面板文件。在文件夹"LED"复制已完成绘制的双面板.PCB，在同一文件夹"LED"中粘贴并改名为单面板.PCB，打开该文件，执行菜单命令 Tools | Un-Route | All，拆除了全部布线。

(2) 设置单面板的参数。执行菜单命令 Design | Rules...，弹出如图 7-20 所示的 Design Rules(设计规则)对话框，选中 Routing Layers，单击 Properties...按钮，按图 7-24 进行单面板设置，将 TopLayer 选为 Not Used(不使用)，设置底层 BottomLayer 为 Any(任意方向)，单击 OK 按钮。

执行菜单命令 Design | Options...，弹出 Document Options 对话框，在 Signal layers 下只选择 BottomLayer(底层)，如图 7-25 所示。

(3) 自动布线。执行菜单命令 Auto Route | All...，弹出如图 7-30 所示的自动布线器设置对话框。单击 Route All 按钮，系统开始对电路板进行自动布线。完成布线后的效果如图 9-11 所示。

(4) 人工调整布线、边框大小、文字位置。观察分析图 9-11 所示电路板，为了化简电路的布线，可将 C2 移到电路板的下部，J1 逆时针旋转 90°，微调使元件在电路板上分布均匀。去掉相关布线，恢复到预拉线状态后，采用自动布线和人工布线及调整等方法合理布线。最后调整边框的大小和文字位置，调整完成的 PCB 如图 9-12 所示。

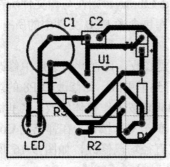
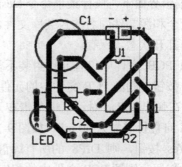

图 9-11　自动布线效果　　　　　　　图 9-12　人工调整后的效果

(5) 焊盘大小的调整。焊盘的大小直接影响到安装的质量，太小了则附着力不够，特别是单面板，孔径的大小也要合适，太大了不好安装，太小了又装不下，可以根据具体元件来调整。双击任一焊盘，出现了如图 9-13 所示的多个重叠在一起的 PCB 对象可供选择，将光标滑向 Pad，在弹出的 Pad 对话框中单击右下角的 Global 按钮作整体修改，这里将所有元件的焊盘直径调整到 60 mil，孔径调整到 30 mil，注意 Change Scope 处选 All primitives，如图 9-14 所示，单击 OK 按钮，在弹出的 Confirm 提示框中单击 Yes，则所有焊盘直径均已修改。在 PCB 图中，因焊盘直径改大可能会造成安全间距不够出现错误而高亮显示，出现这种情况需重新调整高亮处的布线至高亮显示消失。

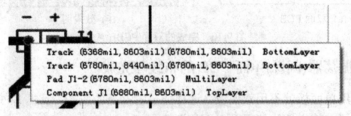

图 9-13　重叠在一起的 PCB 对象

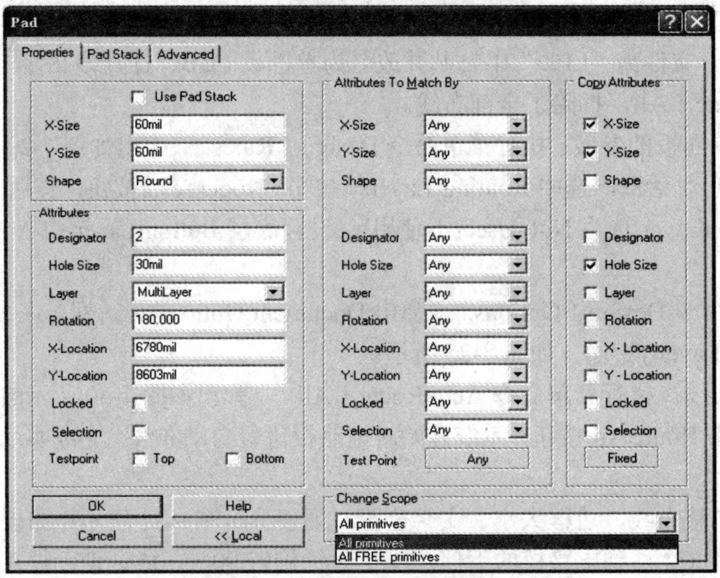

图 9-14　焊盘大小的整体修改

(6) 由 PCB 图生成相应的封装库。在已完成 PCB 图形绘制的 PCB 编辑器中，如在单面板.PCB 编辑界面下，执行菜单命令 Design | Make Library，则在与源文件所在的文件夹中产生了一个和源文件同名的封装库文件。该封装库包含源 PCB 文件中的所有元件封装，且处于当前打开状态，保存。

如果源 PCB 文件中仍有元件封装不合适，需要修改，可在此封装库中修改好，单击 UpdataPCB 按钮，则源 PCB 文件中的元件封装已得到了更改。如修改 DIP8 的焊盘，双击任一焊盘，在弹出的 Pad 对话框中单击右下角的 Global 按钮作整体修改，这里将所有元件的焊盘的 X 向直径增大为 70 mil，如图 9-15 所示。单击 OK 按钮，在弹出的 Confirm 提示框中单击 Yes 按钮，则 DIP8 的所有焊盘的 X 向直径均已修改，如图 9-16 所示，单击 UpdataPCB 按钮，则源 PCB 文件中的相应元件封装已得到了更改。

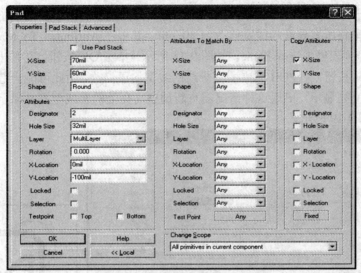

图 9-15　增大所有焊盘的 X 向直径

在 PCB 图中，因焊盘直径改大可能会造成安全间距不够出现错误而高亮显示，出现

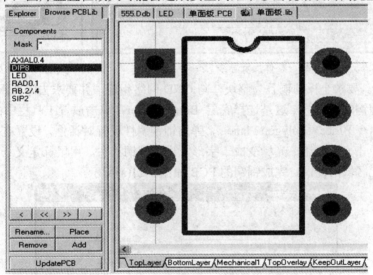

图 9-16　改好的封装

这种情况需重新调整高亮处的布线至高亮显示消失，设置完成的 PCB 如图 9-17 所示。

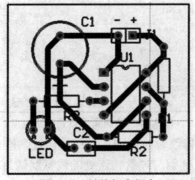

图 9-17　封装加大焊盘

(7) 加宽导线。双击任一导线，在弹出的 Track 对话框中单击右下角的 Global 按钮作整体修改，这里将所有导线的线宽修改为 50 mil，其中在 Attributes To Match By 区域下 Layer 处的下拉列表框中选择 Same，如图 9-18 所示。单击 OK 按钮，在弹出的 Confirm 提示框中单击 Yes 按钮，则 PCB 图中所有导线的线宽均已修改，由此可能会造成安全间距不够出现错误而高亮显示，出现这种情况需重新调整高亮处的布线至高亮显示消失，设置完成的 PCB 如图 9-19 所示。

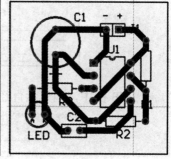

图 9-18　整体加宽导线　　　　　　　图 9-19　加宽导线

(8) 铺铜。要求全板铺铜且为整块，与 GND 网络相连，并要求去除死铜。

选择要铺铜的工作层，这是选择底层 BottomLayer，单击放置工具栏中的 按钮，或执行菜单命令 Place | Polygon Plane...，弹出铺铜属性设置对话框，设置有关参数，如图 9-20 所示。单击 OK 按钮，光标变成十字形，进入铺铜状态。用鼠标定义一个封闭区域，程序自动在此区域内铺铜。完成铺铜的 PCB 如图 9-21(a)所示。

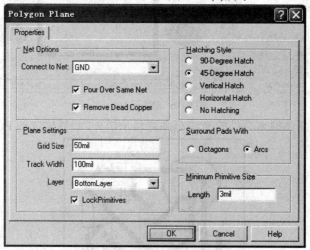

图 9-20　铺铜属性设置对话框

(9) 根据已完成的 PCB 修改设计规则并进行设计规则检查。由于图 9-20 中设置铺铜所用导线宽度为 100 mil，而铺铜与焊盘相连处的线宽默认为 10 mil，因此必须对 PCB 设计规则的线宽作相应的设置。执行菜单命令 Design | Rules...，弹出 Design Rules(设计规则)

对话框，在 Rule Classes 列表框中所选取 Width Constraint，单击 Properties...按钮，系统弹出如图 9-22 所示的布线宽度设置对话框，将最大线宽改为 100 mil，最小线宽改为 10 mil，参考线宽改为 50 mil(前面全部导线宽度已整体改为 50 mil)，否则对电路板进行设计规则检查时会出错。

对电路板进行设计规则检查，及时修改至没有错误，进行保存，3D 显示效果图如图 9-21(b)所示。

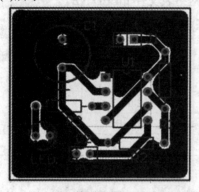

(a) 单面 PCB   (b) 效果图

图 9-21　完成铺铜的 PCB 图

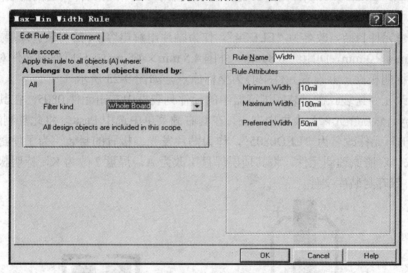

图 9-22　根据已完成的 PCB 修改设计规则的线宽

任务三　555 多谐振荡器(闪烁)贴片式单面 PCB 设计

一、顶层布线的单面 PCB 设计

1. 建立文件夹及文件

(1) 在任务二的设计数据库文件"555.ddb"中，复制、粘贴已完成绘制一整套图纸的文件夹"LED"，改名为"tp 顶层"，保留原理图文件，"555LED.Sch"改名为"tpLED.Sch"，其他文件全部删除。

(2) 新建 PCB 文件，命名为"tp 顶层.PCB"。

2. 修改原理图文件及生成原理图元件库文件、网络表文件

打开原理图文件"tpLED.sch"，按表 9-2 逐一修改元件属性，完成修改后进行 ERC，检查无误后分别生成原理图元件库文件 tpLED.lib、网络表文件 tpLED.NET。

表 9-2　555 多谐振荡器(闪烁)贴片元件清单

标号	参数	封装名称	标号	参数	封装名称
U1	NE555	S0-8	LED	红色	LED0805
R1	10 kΩ	0805	C1	22 μF	ELEC4
R2	12 kΩ	0805	C2	0.01 μF	0805
R3	300	0805	J1	+5 V 电源	1206

3. 生成封装库及绘制或修改封装

(1) 打开 PCB 文件"tp 顶层.PCB"，放置能找到的表 9-2 中的全部元件封装，执行菜单命令 Design | Make Library，则同一文件夹中产生了一个和源文件同名的封装库文件"tp 顶层.Lib"，且处于当前打开状态。

(2) 新建元件封装，改名为"ELEC4"，作为贴片电解电容 φ4 的封装。顶层放置焊盘，大小为 1.6 mm × 3 mm，间距约 0.8 mm，外围 4.5 mm × 4.5 mm，与原理图元件对比，焊盘 1 为正极，标明极性，并设置元件中心为坐标原点，如图 9-23 所示。

(3) 修改元件封装。在封装库浏览器中的元件列表框中右击元件 0805，在其右键菜单中选中 Copy，然后在元件列表框中右击，在其右键菜单中选中 Paste，将此复制的"0805 - DUPLICATE"元件改名为"LED0805"，作为贴片发光二极管的封装。为了使封装与原理图元件一致，对照原理图元件，将其顶层焊盘 1 改为 A，焊盘 2 改为 K，标明极性，如图 9-24 所示。保存封装库文件。

图 9-23　贴片电解电容的封装　　　　　图 9-24　贴片发光二极管的封装

4. 单面 PCB 在顶层布线

(1) 回到 PCB 文件"tp 顶层.PCB"，清空电路板。执行菜单命令 Design | Options，设置信号层为顶层；执行菜单命令 Design | Rules...，将布线层设置顶层为 Any，底层为 Not Used，安全间距设置为 20 mil，布线线宽全部设置为 20 mil。

(2) 在禁止布线层绘制电气边框。加载由原理图生成的网络表 tpLED.NET，修改错误直至无误，因元件较少，在框内进行手工布局。

（3）增加电源连接器。选用 1206 作为电源连接器，为其两个焊盘设置网络名为 GND、+5 V。

（4）人工布局。隐藏全部元件参数，将元件标号拖到元件附近并按一个方向顺好。

（5）自动布线后人工调整元件位置及布线。布线的位置定下来后整板调直布线，最后调整板框大小，设置坐标原点，添加文字标注，完善后的 PCB 如图 9-25 所示，布线及焊盘均为红色(顶层)。

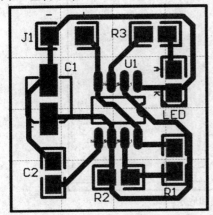

（a） PCB 图 　　　　　　　　　　（b） 3D 效果

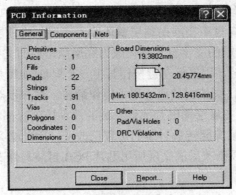

（c） PCB 信息

图 9-25　贴片封装在顶层布置的 PCB

二、底层布线的单面 PCB 设计

1. 建立文件夹及文件

在设计数据库文件"555.ddb"中，复制、粘贴已完成绘制一整套图纸的文件夹"tp 顶层"，改名为"tp 底层"，将原理图文件"tpLED.Sch"改名为"tpLED 底层.Sch"，并打开；将 PCB 文件"tp 顶层.PCB"改名为"tp 底层.PCB"，并打开；将 PCB 封装库文件"tp 顶层 Lib"改名为"tp 底层 Lib"，并打开；其余文件全部删除。

2. 修改 PCB 封装库文件

在已打开的 PCB 封装库文件"tp 底层 Lib"中做如下修改：

（1）设置底层丝印层。执行菜单命令 Tools | Library Options...，弹出 Document Options

对话框，在 Layers 选项卡中的 Masks 处增选 Bottom Solder(底层阻焊)，Silkscreen 处增选 Bottom Overlay(底层丝印)，如图 9-26 所示，单击 OK 按钮。

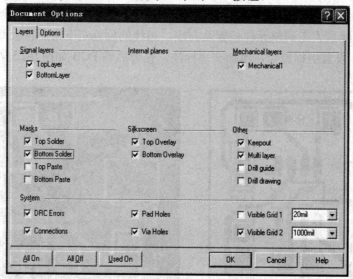

图 9-26　设置底层阻焊层和底层丝印层

(2) 修改 PCB 封装。将所有的顶层所用的贴片 PCB 封装逐一修改为底层所用的贴片 PCB 封装。每一个封装修改的步骤如下：

① 修改所在层。将焊盘所在层由顶层整体改为底层，将顶层丝印层的图形整体改为底层丝印层，将顶层丝印层的文字符号整体改为底层丝印层的文字符号。

② 镜像。全选该封装，用鼠标左键按住其中一个焊盘(如焊盘 1)不放同时点击键盘上的 X 或 Y 键一次后松开，则该封装已实现了镜像翻转。这一步对有 2 个以上焊盘的封装而言非常重要，否则放置在底层的贴片元件封装的焊盘排列就都错了。

③ 设置坐标原点。镜像翻转后封装的位置已改变，因此必须重新将坐标原点设置在焊盘 1 或元件的中心。完成修改后的底层所用贴片 PCB 封装与修改前顶层所用的贴片 PCB 封装对比如图 9-27 所示。

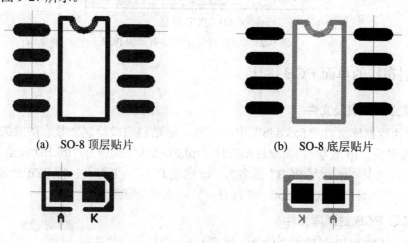

(a)　SO-8 顶层贴片　　　　　　　　(b)　SO-8 底层贴片

(c)　LED0805 顶层贴片　　　　　　(d)　LED0805 底层贴片

图 9-27　贴片 PCB 封装

④ 封装命名与保存。为了与顶层贴片封装(系统默认贴片封装均为顶层贴装)区分开来,完成修改后,需重新为底层贴片封装命名,可在其原顶层封装名后增写"B"以示区别,如原顶层贴片封装名 SO-8,则其底层贴片封装名为 SO-8B。保存封装。

3. 修改原理图文件并生成原理图元件库

为了方便由原理图的网络表加载到 PCB 后有完整的元件和网络,在已打开的原理图文件"tpLED 底层.Sch"中按图 9-28 所示原理图增画 CON2 作为 J1 的原理图元件及相应的电源连接,按表 9-3 逐一修改每个元件属性中的封装名称,并保存;生成网络表文件,并保存;生成原理图元件库,并保存。

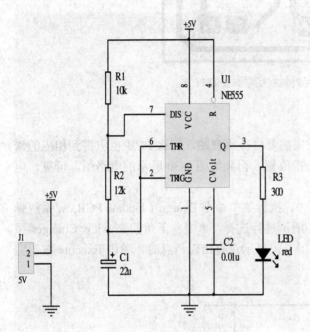

图 9-28 增加电源连接器的原理图

表 9-3 555 多谐振荡器(闪烁)底层贴片元件清单

标号	参数	封装名称
U1	NE555	S0-8B
R1	10 k	0805B
R2	12 k	0805B
R3	300	0805B
LED	红色	LED0805B
C1	22 μF	ELEC4B
C2	0.01 μF	0805B
J1	+5 V 电源	1206B

4. 单面 PCB 在底层布线

(1) 回到 PCB 文件"tp 底层.PCB",保留禁止布线层的电气边框,删除其余全部图形。

(2) 执行菜单命令 Design | Options...,设置信号层为底层,并增选底层丝印、底层阻焊;执行菜单命令 Design | Rules... 设置布线层底层为 Any,顶层为 Not Used,安全间距设置为 20 mil,布线线宽全部设置为 20 mil。

(3) 加载由原理图生成的网络表 tpLED 底层.NET,修改错误直至无误,因元件较少,在框内进行手工布局。

(4) 整体修改元件属性(Component 对话框),全部元件参数(Comment 选项卡)设置为底层丝印(BottomOverlay)、镜像(Mirror)并隐藏(Hide),全部元件标号(Designator 选项卡)设置为底层丝印、镜像。设置完成后,将元件标号拖到元件附近并按一个方向顺好。

(5) 人工布局。自动布线后人工调整元件位置及布线。

(6) 完善 PCB。布线的位置定下来后整板调直布线,最后调整板框大小,设置坐标原点,在底层丝印层添加文字标注并镜像放置,完善后的 PCB 如图 9-29 所示。

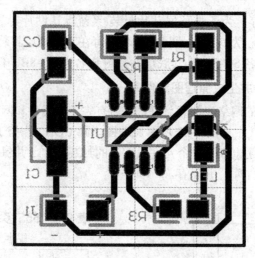

图 9-29   贴片封装在底层布置的 PCB

三、更新 PCB

在设计原理图和 PCB 的过程中，如果需要修改原理图，那么 PCB 也应得到相应的修改。例如，将图 9-28 中的 R3 和 LED 交换位置，得到如图 9-30 所示的电路图，可见，电路原理不变，此时作如下操作：

由原理图到 PCB 的修改。在原理图中，执行菜单命令 Design | Update PCB...，系统弹出 Update Design 对话框，按如图 9-31(a)所示进行选择，单击左下角的 Preview Changes 按钮，打开如图 9-31(b)所示的 Changes 选项卡，显示没有错误信息时，单击 Execute 按钮完成更新。

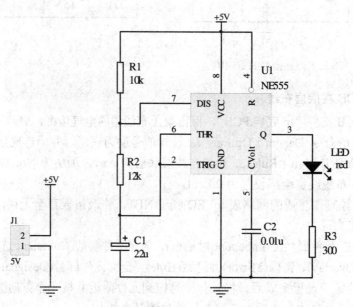

图 9-30   修改元件位置后的原理图

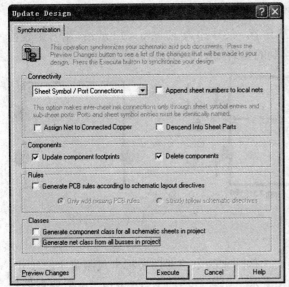

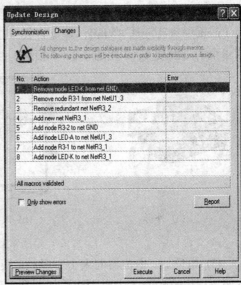

(a) 设置更新内容　　　　　　　　　　　　(b) 修改后信息

图 9-31　Update Design 对话框

更新后，进一步完成 PCB 的修改，结果如图 9-32 所示。

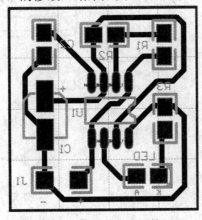

图 9-32　修改元件位置后的 PCB

任务四　电容测试仪的双面 PCB 设计

一、电容测试仪所用 PCB 封装的绘制

项目五中图 5-11 所示电容测试仪原理图中所需的 PCB 封装有 3 个是需要自己绘制的。

新建一个 PCB 封装库文件，绘制封装如下：

(1) 1 位数码管。根据图 8-13 所示数码管绘制如图 8-22(d)所示的数码管的 PCB 封装 SMG。

(2) 轻触开关。轻触开关的大小有多种，根据选购回来的轻触开关用游标卡尺测量全部尺寸。本例所用轻触开关的引脚间距约为 12.7 mm(500 mil)、5 mm(200 mil)，引脚宽约为 1 mm(焊盘孔径选 42 mil、焊盘直径选 75 mil)，尺寸约为 12 mm×12 mm；用万用表检测 4 个引脚发现 1、3 相通，2、4 相通。绘制的封装如图 9-33(c)所示。

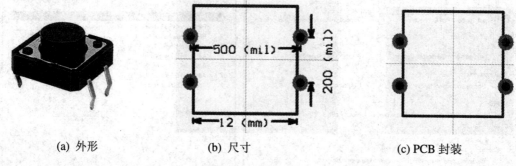

| (a) 外形 | (b) 尺寸 | (c) PCB 封装 |

图 9-33　轻触开关

(3) 电位器。电位器的大小有多种，根据选购回来的电位器用游标卡尺测量全部尺寸。本例所用电位器的 3 个引脚间距如图 9-34(b)所示，引脚直径约为 0.6 mm，电位器直径约为 8.7 mm；用万用表检测找出电位器的可调引脚，绘制封装时标示 w，如图 9-34(d)所示。

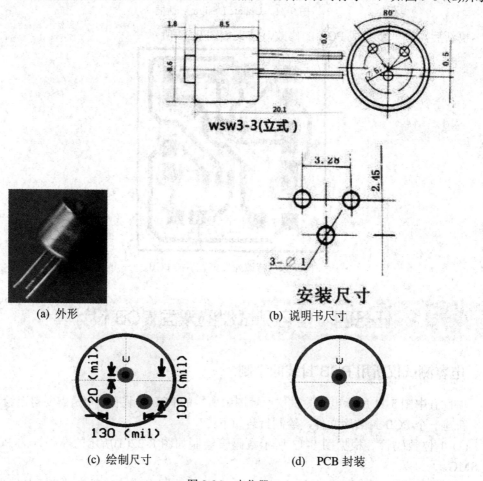

| (a) 外形 | (b) 说明书尺寸 |
| (c) 绘制尺寸 | (d) PCB 封装 |

图 9-34　电位器

二、电容测试仪的双面 PCB 设计

综合运用所学知识，根据项目五中图 5-11 所示电容测试仪原理图设计绘制其双面 PCB 图。

1. 由原理图生成 PCB

(1) 根据图 5-11 所示电容测试仪原理图生成网络表，并新建一个 PCB 文件，在此 PCB 文件中定义电路板，初画电气边框。

(2) 加载网络表，修改全部错误至完成加载。

2. PCB 布局及完善电路

(1) 自动布局使元件在板框内散开。

(2) 添加放置电源连接器 J1 的封装 SIP2，分别给其两个焊盘定义网络名为 GND、VCC。

(3) 利用网络表管理器删除多余的网络。

原理图中数码管的引脚 8、引脚 5 隐藏，没有导线连接，却发现 PCB 中 3 个数码管的焊盘 8 自成一条单独的网络 COM，3 个数码管的焊盘 5 自成一条单独的网络 DP，布线前应删除这两条网络。

在 PCB 中，执行菜单命令 Design | Netlist Manager...，系统弹出 Netlist Manager 对话框，单击 Net Classes 窗口下的 All Nets，在 Nets In Class 窗口下列出当前 PCB 所有的网络名，单击其中的一条网络名如 COM，在 Pins In Net 窗口下列出该网络的所有元件引脚(焊盘)，如图 9-35 所示。单击 Nets In Class 窗口底部的 Remove...按钮，则当前选中的如图所示的 COM 网络将被删除。同理删除网络 DP。

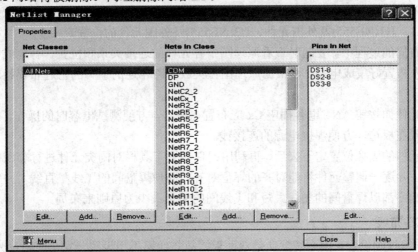

图 9-35　Netlist Manager 对话框

(4) 因轻触开关 S1 的引脚 1 和引脚 3 内部相通，引脚 2 和引脚 4 内部相通，原理图中没有引脚 3 和引脚 4，为了能牢固安装轻触开关，将轻触开关 S1 的焊盘 1 和焊盘 3 用导线连通，焊盘 2 和焊盘 4 用导线连通，具体的操作方法有 2 种。

① 修改焊盘属性。将 S1 的焊盘 3 的网络名设置为 S1 的焊盘 1 的网络名(NetR2-2)，将 S1 的焊盘 4 的网络名设置为 S1 的焊盘 2 的网络名(VCC)。

② 利用网络表管理器给网络增加元件的焊盘。例如，进入如图 9-35 所示网络表管理器后，在 Nets In Class 窗口下单击选中 S1 的焊盘 1 所在的网络 NetR2_2，单击该窗口底部的 Edit...按钮，进入 Edit Net 对话框，对所选的网络进行编辑，如图 9-36 所示，Pins in net 下的列表中列出了当前网络中所有的元件引脚，Pins in other nets 下的列表中列出了除当前网络外的其他元件引脚。在 Pins in other nets 下的列表中找到元件引脚 S1-3，点击中间的＞按钮，则 S1-3 移到了右侧的网络节点列表中。同理，给 S1 的焊盘 2 所在网络 VCC 增加引脚 S1-4。

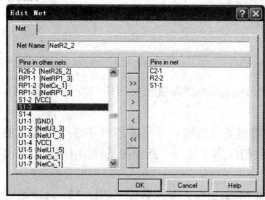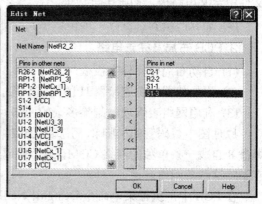

(a) 选中元件引脚   (b) 移入当前网络

图 9-36   Edit Net 对话框

(5) PCB 的栅格设置。将 PCB 的捕捉栅格和元件移动栅格全部调至 1 mil。

(6) 人工布局。为了方便电容测试仪的读数，3 个数码管从左至右分别为百、十、个位，据此顺序依次从左至右、总体从上到下初步手工布置数码管、4511、数码管的限流电阻、4518、4011、U1(NE555)及外围元件、U2(NE555)及外围元件的位置。

人工布局的过程中，要随时查看原理图中各元件的连接关系和位置，有集成电路的单元电路，先布置好集成电路，再根据原理图在集成电路相连的引脚的附近布置相应的外围元件。

操作元件如按钮 AN、电容插座 Cx 应布置在板边，方便测试电容时的操作，电源连接器也应布置在板边，方便焊接电源的连接线。

当各元件的大体位置定下来后，再利用元件布置工具栏对同类元件进行相应的对齐或等距排列，并逐一调整元件将能对齐的焊盘对齐，即使焊盘间的飞线呈直线，并且在布局的过程中始终都以焊盘间的飞线最短和飞线间的交叉最少为原则来布局。

3. PCB 布线

(1) 布线规则设置。因系统默认是双面板，故布线层不用设置。安全间距设为 20 mil。线宽首选设为 30 mil，最大设为 40 mil，最小设为 30 mil；GND 和 VCC 网络的线宽设为 40 mil。

(2) 隐藏所有元件的参数值，并将所有元件标号的文字高度设置为 50 mil，然后将元件标号拖到所属元件的附近且顺着一个方向排好，以方便查看和调整元件。

(3) 全局自动布线，由布线结果图 9-37(a)可看出有许多的布线并不理想，这都能改进。然后查看电路板信息，如图 9-37(b)所示，所布导线有 1122 根，过孔 2 个。若对全局自动布线的结果都不满意，可撤销此次布线操作，重新调整元件布局后再全局自动布线，如此反复，直至找到一次较为满意的布线结果。

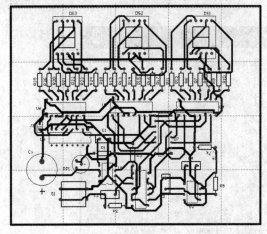

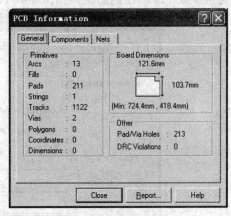

(a) 布线结果   (b) 电路板信息

图 9-37　全局自动布线

(4) 人工修改布线。认真分析自动布线的 PCB 图，它提供了该 PCB 布局和布线的思路，利用 PCB 的网络浏览器逐一查看每一条网络，放大视图逐一查看、修改或重绘每一根导线。有时为了能布通导线或使布线更简捷合理，还需要微调元件的位置，或修改相关多根导线所在布线层等。这是 PCB 布线最关键的步骤，也是最费心费时的步骤。

4. 完善 PCB

完成布线后，放大视图逐一检查、微调，使每一根导线的边缘上没有锯齿，然后给电源连接器添加极性标注，并逐一调整元件标号的位置、调整板框的大小等，最后为电路板设置原点。设置完成的 PCB 如图 9-38(a)所示，其电路板信息如图 9-38(b)所示，与全局自动布线的结果相比，已经全面得到了改善。

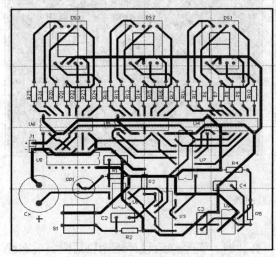

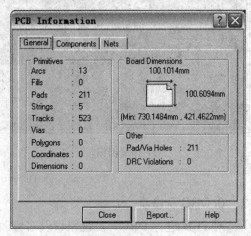

(a) 布线结果   (b) 电路板信息

图 9-38　人工布线

5. 双面铺铜

双面铺铜均与 GND 网络相连，去除死铜，顶层铺铜参数如图 9-39 所示。同理设置底层铺铜参数。双面铺铜的结果如图 9-40 所示。

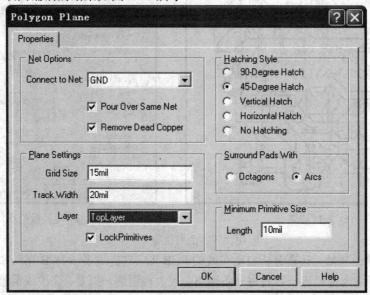

图 9-39　铺铜参数设置

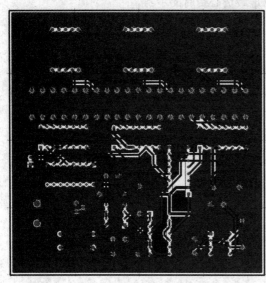

(a) 顶层铺铜　　　　　　　　　　　　　(b) 底层铺铜

图 9-40　双面铺铜

6. DRC 及修改

对 PCB 进行 DRC，发现错误及时修改，必要时，甚至修改设计规则以适应当前布线的需要。

对本例 PCB 进行 DRC，发现铺铜的线宽出现错误，根据错误信息的提示及时修改设计规则，设置 GND 的最小线宽为 10 mil，再次对 PCB 进行 DRC 发现错误项全部消除。至此，电容测试仪双面 PCB 的设计已全部完成，保存所有文件。

任务五　波形发生器的 PCB 设计

一、波形发生器原理图中元件封装的输入

项目三任务二中波形发生器层次原理图的一整套图纸共 4 张，分别是图 3-9～图 3-12，图中元件只输入了元件标号和元件参数，没有输入元件封装，为了完成波形发生器 PCB 的设计，需在原理图中输入相应的元件封装。

根据表 9-4 波形发生器元件信息完善波形发生器层次原理图中的图 3-10～图 3-12 中元件属性，然后进行 ERC 至消除错误。

表 9-4　波形发生器元件清单

序号	元件标号	元件参数	双面板元件封装	单面板元件封装
1	C1	0.1 µF	RAD0.1	RAD0.2
2	C2	0.22 µF	RAD0.1	RAD0.1
3	C3	0.47 µF	RAD0.1	RAD0.1
4	R1	100 kΩ	AXIAL0.4	AXIAL0.4
5	R2	27 kΩ	AXIAL0.4	AXIAL0.4
6	R3	100 kΩ	AXIAL0.4	AXIAL0.4
7	R4	100 kΩ	AXIAL0.4	AXIAL0.4
8	R5	10 kΩ	AXIAL0.4	AXIAL0.4
9	R6	10 kΩ	AXIAL0.4	AXIAL0.4
10	R7	100 kΩ	AXIAL0.4	AXIAL0.4
11	R8	10 kΩ	AXIAL0.4	AXIAL0.4
12	R9	51 kΩ	AXIAL0.4	AXIAL0.4
13	R10	10 kΩ	AXIAL0.4	AXIAL0.4
14	R11	27 kΩ	AXIAL0.4	AXIAL0.4
15	U1	LM324	DIP14	DIP14
16	J1	电源连接器	SIP3	POWER4
17	J2	信号输出连接器	SIP4	POWER4

二、波形发生器的双面 PCB 设计

综合运用所学知识，根据项目三中图 3-9～图 3-12 所示波形发生器层次原理图设计、绘制其双面 PCB 图。

1. 由原理图生成 PCB

(1) 根据修改好的波形发生器原理图生成网络表，并新建一个 PCB 文件，在此 PCB 文件中定义电路板，初画电气边框。

(2) 加载网络表，修改全部错误至完成加载。

2. PCB 布局及完善电路

(1) 自动布局使元件在板框内散开。

(2) 添加放置电源连接器 J1 的封装 SIP3，分别给其 3 个焊盘定义网络名为 –9 V、GND、+9 V。

(3) 添加放置信号输出连接器 J2 的封装 SIP4，设其公共端焊盘 1 的网络名为 GND，对照波形发生器原理图分别给其他 3 个焊盘定义相应的网络名。

如根据原理图 3-12 可知，由 U1 的引脚 14 输出 SIN 波形，故在 PCB 中将 J2 的焊盘 2 的网络名设置为与当前 PCB 中 U1 的焊盘 14 相同的网络名，并在焊盘 2 的附近用文字标示出 SIN。同理连接及标注 J2 的焊盘 3、4。

(4) PCB 的栅格设置。将 PCB 的捕捉栅格和元件移动栅格全部调至 1 mil。

(5) 人工布局。人工布局的过程中要随时查看原理图中各元件的连接关系和位置，先布置好集成电路 U1，再根据原理图在集成电路相连的引脚的附近布置相应的外围元件。另外为了方便操作，连接器 J1、J2 应布置在板边。

当各元件的大体位置定下来后，逐一调整元件将能对齐的焊盘对齐，即使焊盘间的飞线呈直线，并且在布局的过程中始终都以焊盘间的飞线最短和飞线间的交叉最少为原则来布局。

3. PCB 布线

(1) 布线规则设置。因系统默认是双面板，故布线层不用设置。安全间距设为 20 mil，线宽首选设为 30 mil，最大设为 40 mil，最小设为 30 mil；GND 网络的线宽设为 40 mil。

(2) 隐藏所有元件的参数值，并将所有元件标号的文字高度设置为 40 mil，然后将元件标号拖到所属元件的附近且顺着一个方向排好，以方便查看和调整元件。

(3) 全局自动布线，查看电路板信息。若对全局自动布线的结果都不满意，可撤销此次布线操作，重新调整元件布局后再全局自动布线，如此反复，直至找到一次较为满意的布线结果。

(4) 人工修改布线。认真分析自动布线的 PCB 图，它提供了该 PCB 布局和布线的思路，利用 PCB 的网络浏览器逐一查看每一条网络，放大视图逐一查看、修改或重绘每一根导线。有时为了能布通导线或使布线更简捷合理，还需要微调元件的位置，或修改相关多根导线所在布线层等。

4. 完善 PCB

完成布线后，放大视图逐一检查、微调，使每一根导线的边缘上没有锯齿，然后给电源连接器添加极性标注，并逐一调整元件标号的位置，调整板框的大小等，最后为电路板设置原点。设置完成的 PCB 如图 9-41 所示。

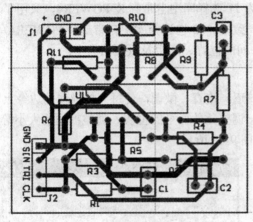
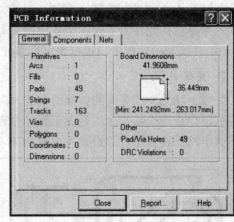

(a) 布线结果   (b) 电路板信息

图 9-41 波形发生器的双面 PCB

5. DRC 及修改

对 PCB 进行设计规划检查(DRC)，发现错误及时修改至错误项全部消除。

至此，双面 PCB 的设计已全部完成，保存所有文件。

三、波形发生器的单面 PCB 设计

将图 9-41(a)所示波形发生器双面 PCB 进一步改进为单面 PCB。

1. 复制波形发生器双面 PCB 文件，并改名

复制已完成绘制的波形发生器双面 PCB 文件，在同一文件夹中粘贴并改名为单面板.PCB，并打开。

2. 直接将双面 PCB 布通成单面板

将双面 PCB 中顶层红色的导线改成底层的蓝色导线，全部改完，不能改的，逐一分析怎样重新布线、或调整元件位置、或调整接线端的位置、或调整引脚的间距，以解除红、蓝导线交叉的情况。

以图 9-41(a)为例，详细分析讲解具体的操作方法与步骤：

(1) U1 的焊盘 8 引出的导线如果不连到 R10 的右端焊盘，而是连到 R9 的上端焊盘，能解除 1 个交叉。

(2) 将 J2 的 TRI 输出端与 CLK 输出端交换位置，能解除 1 个交叉。

(3) C1 上下翻转，能解除 1 个交叉。

(4) 将 R2 的右端焊盘连到 U1 的焊盘 12 上，能解除 1 个交叉。

(5) R2 的右端焊盘与 C1 焊盘间的导线如果向下绕过 C2，能解除 1 个交叉。

(6) 加大 C1 焊盘的间距，即为 C1 选择大的封装 RAD0.2，使其两个焊盘之间可以走

一根导线，能解除 1 个交叉，为了方便布线，将 C2 旋转 90°。

(7) 将 J1、J2 的 GND 相连，能解除 1 个交叉，为了方便 J1、J2 的 GND 相连，将 J1 旋转 90° 后与 J2 并排对齐，将 J1、J2 的 GND 在其左侧相连。

(8) 如果加大 J1 的 GND 端和 −9 V 端焊盘的间距，使其两个焊盘之间可以走一根导线，能解除 1 个交叉。为了达到这一目的，为 J1 选择库中自带封装 POWER4，只用了其中的三个焊盘，此外为了使两个连接器具有一致性，J2 也选择库中自带封装 POWER4。

(9) 在调整的过程中，根据需要调整元件间的位置、间距及板框的大小。

3. 完善 PCB

完成上述元件及导线的调整后，放大视图逐一检查、微调，使每一根导线的边缘上没有锯齿，检查连接器的标注是否正确，并逐一调整元件标号的位置、调整板框的大小等，最后为电路板设置原点。设置完成的 PCB 如图 9-42 所示。

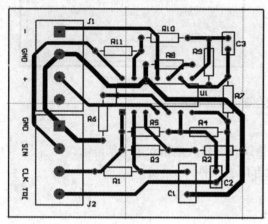

(a) 布线结果　　　　　　　　　　　　　(b) 电路板信息

图 9-42　波形发生器的单面 PCB

4. 修改封装与 PCB

由于单面 PCB 只有一面有印制铜膜导线，因此对焊盘的附着力要求较高。由图 9-42 波形发生器的单面 PCB 图可见，集成电路 U1 的封装 DIP14 焊盘均较小，作为单面板焊盘易脱落，需适当增大。此外，连接器的封装 POWER4 的焊盘孔径小了，需适当增大。

(1) 由 PCB 文件生成相应的封装库。执行菜单命令 Design | Make Library，则在源 PCB 文件所在文件夹中产生了一个和源 PCB 文件同名的封装库文件并处于当前打开状态，该封装库文件包含源 PCB 文件中所有的封装。

(2) 修改封装。找到封装 DIP14，双击其中任一焊盘，在焊盘属性对话框中将 X-Size 改为 80 mil，并做整体修改，如图 9-43(a)所示。注意，这里 Y-Size 不改，因为相邻焊盘的间距较近。改好后的元件封装如图 9-43(b)所示，然后单击 Browse PCBLib 中的 UpdataPCB 按钮；则 PCB 文件中相应的封装 DIP14 已经改好。

找到封装 POWER4，双击其中任一焊盘，在焊盘属性设置对话框中将 Hole Size 改为 32 mil，并做整体修改，改好元件封装后，单击 Browse PCBLib 中的 UpdataPCB 按钮，则 PCB 文件中的 2 个 POWER4 封装均已改好。

(3) 修改 PCB。修改了封装并重新加载到 PCB 后，PCB 往往会因安全间距不足而出现高亮错误显示，这时需要微调导线或元件位置来消除错误。修改封装后的 PCB 如图 9-44 所示。

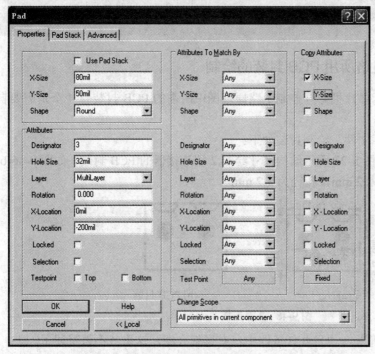

(a) 整体修改封装的焊盘   (b) 改好的封装

图 9-43 修改封装 DIP14

5. 补充泪滴及修改 PCB

(1) 补充泪滴。由图 9-44 可见，有些导线的线宽比焊盘小，可以补充泪滴来增强导线与焊盘连接处的强度。执行菜单命令 Tools | Teardrops...，弹出泪滴属性设置对话框，为所有焊盘补充泪滴，补充完泪滴的 PCB 局部效果如图 9-45 所示。

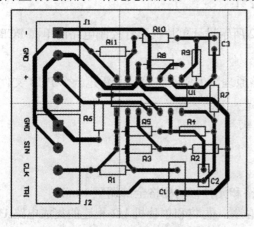

图 9-44 修改封装后的 PCB   图 9-45 补充完泪滴后的 PCB 局部效果

6. 补充设置单面板及 DRC

单面板的设置前面已介绍过，这里就不再赘述了。进行 DRC 至没有错误产生。

任务六　单片机彩灯控制电路的 PCB 设计

一、单片机彩灯控制电路所用 PCB 封装的绘制

项目五中图 5-12 所示单片机彩灯控制电路原理图中所需的 PCB 封装有 4 个是需要自己绘制的。

新建一个 PCB 封装库文件，绘制封装如下：

(1) 2 端连接器。根据图 8-25 所示结构尺寸绘制 2 端连接器的 PCB 封装，如图 9-46(b) 所示，其中焊盘的直径为 2.2 mm，孔径为 1.2 mm。

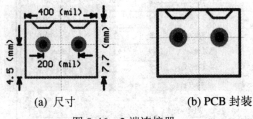

(a) 尺寸　　　　　　　　(b) PCB 封装

图 9-46　2 端连接器

(2) 轻触开关。轻触开关在项目九任务四中已有详细介绍，这里就不再赘述了。

(3) 电解电容。小电解电容封装 RB.1/.2 在 PCB 自带库里没有，其 2 个焊盘的间距为 100 mil，元件外径为 200 mil，标示出 + 极，可以利用向导来生成，项目八中有向导生成封装的详细方法，这里就不再赘述了。

(4) 发光二极管的封装。发光二极管的封装在项目九任务二中已有详细介绍，这里就不再赘述了。

二、单片机彩灯控制电路的单面 PCB 设计

综合运用所学知识，根据项目五中图 5-12 所示设计单片机彩灯控制电路的单面 PCB。

1. 由原理图生成 PCB

(1) 根据图 5-12 所示单片机彩灯控制电路原理图生成网络表，并新建一个 PCB 文件，在此 PCB 文件中定义电路板，初画电气边框。

(2) 加载网络表，修改全部错误至完成加载。

2. PCB 布局

(1) 自动布局，使元件在板框内散开。

(2) PCB 的栅格设置。将 PCB 的捕捉栅格和元件移动栅格全部调至 1 mil。

(3) 人工布局。首先布置好单片机 U2 的位置，再将和单片机 U2 相连的集成电路 U3 与单片机垂直放置，这样可以利用单片机 U2 下面的空间进行布线，然后根据原理图顺势布置和集成电路 U3 相连的发光二极管、电阻；单片机 U2 的外围元件根据原理图布置在相应的引脚附近；最后将稳压电源的一系列元件布置在板框内剩余的空处，连接器 J1 的

封装放置时注意接口朝向板外，以方便接线。

当各元件的大体位置定下来后，再利用元件布置工具栏对同类元件进行相应的对齐或等距排列，并逐一调整元件将能对齐的焊盘对齐，即使焊盘间的飞线呈直线，并且在布局的过程中始终都以焊盘间的飞线最短和飞线间的交叉最少为原则来布局。

3. 修改封装并加载到 PCB

布线前认真观察每一个封装，如有不合适的及时修改，全部改完后再布线，这样能提高布线的效率与质量。

本例中，经认真检查发现 DIP40 和 DIP18 的焊盘小了，应适当增大。具体的操作步骤如下：由 PCB 文件生成相应的封装库，在此封装库中找到 DIP40，整体修改焊盘将其 X-Size 增大为 60 mil，改好元件封装后，单击 Browse PCBLib 中的 UpdataPCB 按钮，则 PCB 文件中相应的封装 DIP40 已经改好。同法改好 DIP18。

4. PCB 布线

(1) 设置单面板。因系统默认是双面板，故需要将板层设置为单面板。前面已介绍过，这里就不再赘述了。

(2) 布线规则设置。安全间距设为 20 mil，线宽全部设为 40 mil。

(3) 隐藏所有元件的参数值，并将所有元件标号的文字高度设置为 60 mil，然后将元件标号拖到所属元件的附近且顺着一个方向排好，以方便查看和调整元件。

(4) 全局自动布线，由布线结果图 9-47(a)可看出有许多的布线并不理想，可进行改进。然后查看电路板信息，如图 9-47(b)所示，所布导线有 360 根。若对全局自动布线的结果都不满意，可撤销此次布线操作，重新调整元件布局后再全局自动布线，如此反复，直至找到一次较为满意的布线结果。

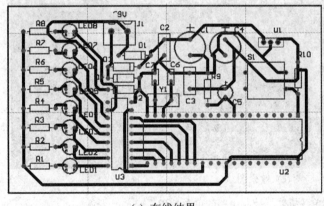
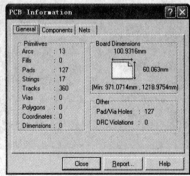

　　　(a) 布线结果　　　　　　　　　　　　　(b) 电路板信息

图 9-47　自动布线

(5) 因轻触开关 S1 的引脚 1、3 内部相通，引脚 2、4 内部相通，为了方便布线，将 S1 的焊盘 4 的网络设置为焊盘 2 的网络名，将焊盘 2 的网络设置为 No Net。

(6) 人工修改布线。认真分析自动布线的 PCB 图，它提供了该 PCB 布局和布线的思路，利用 PCB 的网络浏览器逐一查看每一条网络，放大视图逐一查看、修改或重绘每一根导线。有时为了能布通导线或使布线更简捷合理，还需要微调元件的位置，或修改相关多根导线的走线路径等。

(7) 加粗部分网络的布线。将与连接器相连的两条网络的线宽整体加宽为 50 mil，将 GND 网络的线宽整体加宽为 50 mil。及时修改布线规则，将最大线宽设置为 50 mil。

5. 完善 PCB

完成上述元件及导线的调整后，放大视图逐一检查、微调，使每一根导线的边缘上没有锯齿，检查连接器的标注是否正确，并逐一调整元件标号的位置，调整板框的大小等，最后为电路板设置原点。设置完成的 PCB 如图 9-48(a)所示。

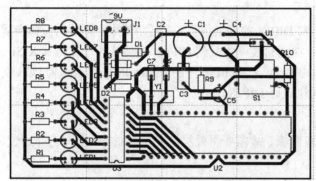

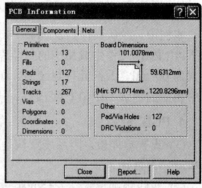

(a) 设置完成的 PCB　　　　　　　　　　(b) 电路板信息

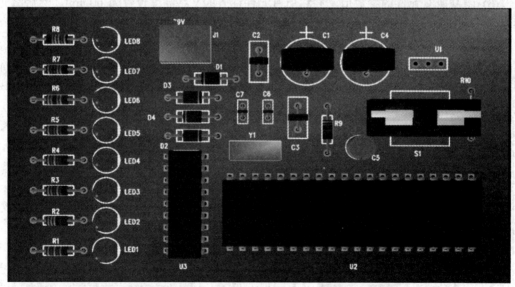

(c) 效果图

图 9-48　单片机彩灯控制电路的单面 PCB

任务七　数字钟的 PCB 设计

一、数字钟的原理图设计

综合运用所学知识，根据表 9-5 数字钟元件清单绘制如图 9-49 所示的数字钟原理图。

表 9-5　数字钟元件清单

序号	元件名称	元件标号	元件参数	元件封装	元件数量	备注
1	电容	C1	22 μF	RB.2/.4	1	
2	电容	C2、C4	0.01 μF	RAD0.2	2	
3	电容	C3	0.47 μF	RAD0.2	1	
4	数码管	DS1～DS6	共阴	SMG	6	自画原理图元件、自画封装
5	发光二极管	LED1～LED4	红色ϕ3	LED	4	自画封装
6	三极管	Q1	9013	TO-92B	1	
7	电阻	R1	8.2 kΩ	AXIAL0.4	1	
8	电阻	R2	12 kΩ	AXIAL0.4	1	
9	电阻	R3	680 Ω	AXIAL0.4	1	
10	电阻	R4	1.2 kΩ	AXIAL0.4	1	
11	电阻	R13	51 Ω	AXIAL0.4	1	
12	电阻	R14	1 kΩ	AXIAL0.4	1	
13	电阻	R5～R12、R15～R56	200 Ω	AXIAL0.4	50	
14	电位器	Rp	1 kΩ	DWQ	1	自画封装
15	集成定时器	U1、U3	CC7555	DIP8	2	修改原理图元件
16	集成 D 触发器	U2	4013	DIP14	1	修改原理图元件
17	集成 2 输入与非门	U4～U7、U20	4011	DIP14	4	
18	集成计数器	U8～U10	4518	DIP16	3	修改原理图元件
19	集成与门	U11	4081	DIP14	1	
20	集成译码显示器	U12～U17	4511	DIP16	6	修改原理图元件
21	集成 4 输入与非门	U18～U19	4012	DIP14	2	
22	转换开关	S1～S3	SPDT	ZHKG	3	自画封装
23	扬声器	LS	8 Ω	SIP2	1	
24	连接器	J1	+6 V	SIP2	1	

(1) 启动 Protel 99 SE，新建一个设计数据库文件，保存在文件夹中，在该设计文件的 Document 中新建一个原理图文件，大 90°光标，其他参数取默认值。

(2) 在 Protel 99 SE 自带的原理图元件库中找到 555、4511、4518 和 4013，分别修改为如图 9-49 所示元件，放置到原理图中。

(3) 在设计文件的 Document 中新建一个原理图元件库文件，新建一个新原理图元件七段数码管并绘制，完成后放置到原理图中。

(4) 参考表 9-5 元件清单，在原理图文件中，正确绘制如图 9-49 所示的原理图。

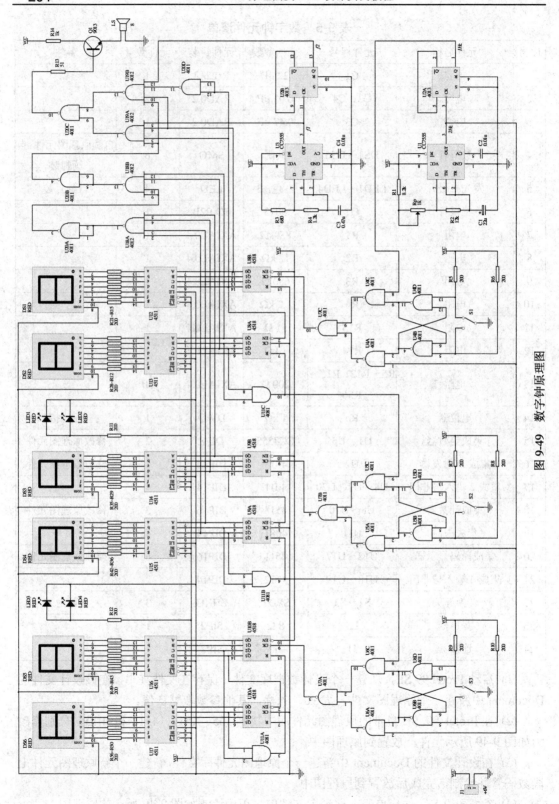

图 9-49　数字钟原理图

(5) 进行电气规则检查(ERC)，修改错误直至全部正确。保存该原理图文件。

(6) 生成该原理图的原理图元件库、网络表、材料表，并保存。

二、数字钟所用 PCB 封装的绘制

图 9-49 所示数字钟原理图中所需的 PCB 封装有 3 个是需要自己绘制的。

新建一个 PCB 封装库文件，绘制封装过程如下：

(1) 1 位数码管。根据图 8-13 所示数码管绘制图 8-22(d)所示数码管的 PCB 封装 SMG。

(2) 电位器。绘制电位器封装 DWQ，如图 9-34(d)所示。

(3) 转换开关。转换开关的大小有多种，根据选购回来的转换开关用游标卡尺测量全部尺寸。本例所用转换开关的引脚间距约为 200 mil、100 mil，引脚宽约为 0.6 mm(焊盘孔径选 30 mil，焊盘 X-Size 选 100 mil、Y-Size 选 60 mil)，外形尺寸约为 8.5 mm × 8.5 mm；用万用表检测 6 个引脚发现有两组转换开关，引脚 2、1(公共端)、3 为一组，引脚 5、4(公共端)、6 为一组。

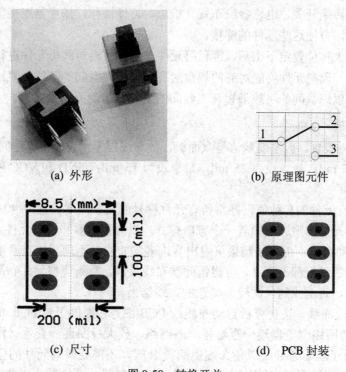

(a) 外形   (b) 原理图元件

(c) 尺寸   (d) PCB 封装

图 9-50 转换开关

三、数字钟的双面 PCB 设计

综合运用所学知识，根据图 9-49 所示数字钟原理图设计、绘制其双面 PCB 图。

1. 由原理图生成 PCB

(1) 根据图 9-49 所示数字钟原理图生成网络表，并新建一个 PCB 文件，在此 PCB 文件中定义电路板，初画电气边框。

(2) 加载网络表，修改全部错误至完成加载。

2. PCB 布局及完善电路

(1) 自动布局，使元件在板框内散开。

(2) PCB 的栅格设置。将 PCB 的捕捉栅格和元件移动栅格全部调至 1 mil。

(3) 原理图中数码管的引脚 3、5 隐藏，没有导线连接，却发现 PCB 中 6 个数码管的焊盘 3、5 分别自动生成了网络 COM、DP，布线前应删除这两条网络。在 PCB 中，执行菜单命令 Design | Netlist Manager...，在弹出的 Netlist Manager 对话框中删除网络 COM、DP。

(4) 人工布局。为了方便数字钟的读数，6 个数码管和 4 个发光二极管从左至右分别为时十位、时个位、2 个发光二极管、分十位、分个位、2 个发光二极管、秒十位、秒个位，据此顺序依次从左至右、总体从上到下初步手工布置数码管、4511、数码管的限流电阻、4518、4081、4011、4012、CC7555 及外围元件的位置。

人工布局的过程中要随时查看原理图中各元件的连接关系和位置。

操作元件如转换开关、电位器应布置在板边，方便操作，扬声器连接器、电源连接器也应布置在板边，方便这些器件的连接。

当各元件的大体位置定下来后，再利用元件布置工具栏对同类元件进行相应的对齐或等距排列，并逐一调整元件将能对齐的焊盘对齐，即使焊盘间的飞线呈直线，并且在布局的过程中始终都以焊盘间的飞线最短和飞线间的交叉最少为原则来布局。

3. PCB 布线

(1) 布线规则设置。因系统默认是双面板，故布线层不用设置。安全间距设为 10 mil，线宽首选设为 15 mil，最大设为 25 mil，最小设为 15 mil；GND 和 VCC 网络的线宽设为 25 mil。

(2) 隐藏所有元件的参数值，并将所有元件标号的文字高度设置为 40 mil，然后将元件标号拖到所属元件的附近且顺着一个方向排好，以方便查看和调整元件。

(3) 全局自动布线，由布线结果可看出有许多的布线并不理想，查看电路板信息。若对全局自动布线的结果都不满意，可撤销此次布线操作，重新调整元件布局后再全局自动布线，如此反复，直至找到一次较为满意的布线结果。

(4) 人工修改布线。认真分析自动布线的 PCB 图，它提供了该 PCB 布局和布线的思路，利用 PCB 的网络浏览器逐一查看每一条网络，放大视图逐一查看、修改或重绘每一根导线。有时为了能布通导线或使布线更简捷合理，还需要微调元件的位置，或修改相关多根导线所在布线层等。这是 PCB 布线最关键的步骤，也是最费心费时的步骤。

4. 完善 PCB

完成布线后，放大视图逐一检查、微调，使每一根导线的边缘上没有锯齿，然后给电源连接器添加极性标注，并逐一调整元件标号的位置，调整板框的大小等，并为电路板设置原点。

因板框的线较长，手工不易调直，可逐一双击板框线修改其 X、Y 的起止坐标值。

设置完成的 PCB 如图 9-51 所示。

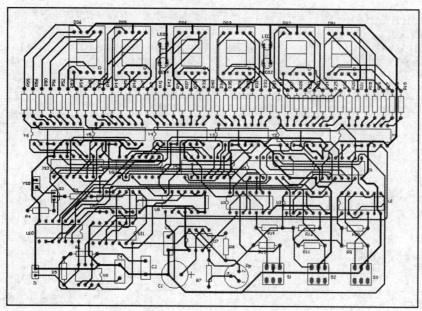

图 9-51　数字钟的双面 PCB

5. DRC 及修改

对 PCB 进行 DRC，发现错误及时修改，必要时，修改设计规则以适应当前布线的需要。

至此，数字钟双面 PCB 的设计已全部完成，保存所有文件。

四、数字钟的 4 层 PCB 设计

由图9-51可看出，数字钟双面 PCB 的布线十分复杂，在此综合运用所学知识绘制数字钟的4层 PCB。

1. 建立一个 4 层 PCB 文件

(1) 利用已完成的双面板文件修改成 4 层板文件。复制已完成绘制的双面板.PCB，在同一文件夹中粘贴文件，并改名为 4 层板.PCB，并打开，执行菜单命令 Tools | Un-Route | All，拆除全部布线。

(2) 设置 4 层板。执行菜单命令 Design | Layer Stack Manager...，在弹出的 Layer Stack Manager(工作层堆栈管理器)对话框中选中 TopLayer 后，单击对话框右上角的 Add Plane 按钮 2 次，在顶层之下添加 2 个内电层并分别设置网络名为 GND 和 VCC，如图 9-52 所示。添加设置 2 个内部电层后的工作层堆栈管理器对话框如图 9-53 所示。

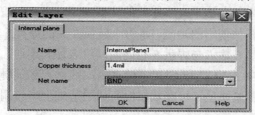

图 9-52　设置 InternalPlane1 的网络名为 GND

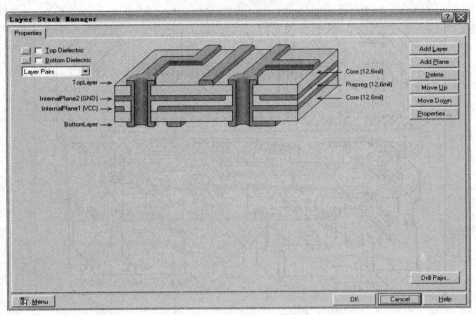

图 9-53　添加设置 2 个内电层

执行菜单命令 Design｜Options...，弹出 Document Options 对话框，在 Signal layers 处选择 TopLayer、BottomLayer，在 Internal planes 处选择 InternalPlane2、InternalPlane1，如图 9-54 所示。

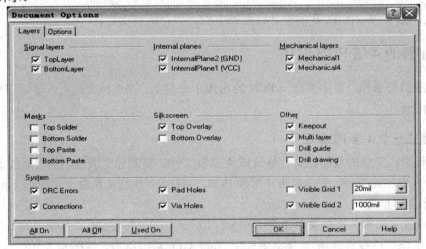

图 9-54　4 层板的工作层设置

2. 布局

每个转换开关元件内部有 2 个互不影响的转换开关，为了布线简捷及安装牢固，同时不改变只作为一个转换开关使用的功能，将每个转换开关的焊盘 5 输入与焊盘 2 相同的网络名使其连通，将其焊盘 6 输入与焊盘 3 相同的网络名使其连通。

由于 4 层板的布线少了 VCC 和 GND 两条网络，飞线已经简捷了许多，因此 4 层板的元件布局可以比双层板更紧凑些，可在双层板布局的基础上略作调整，使 4 层板的元件布局更为合理。

3. PCB 布线及完成

(1) 布线规则设置。虽然已经设置成了 4 层板，但信号层仍然是顶层和底层，即布线层仍然是顶层和底层，故布线层不用设置。安全间距仍为 10 mil。整个电路板的线宽全部设为 15 mil。

(2) 自动布线、人工调整布线、边框大小、文字位置。首先对电路板进行自动布线，观察分析完成自动布线的电路板，人工调整元件及布线，调整边框的大小和文字位置，最后设置坐标原点。设置完成的 PCB 如图 9-55 所示，3D 效果图如图 9-56 所示。

4. DRC 及修改

对 PCB 进行 DRC，发现错误及时修改，必要时，修改设计规则以适应当前布线的需要。

至此，数字钟 4 层 PCB 的设计已全部完成，保存所有文件。

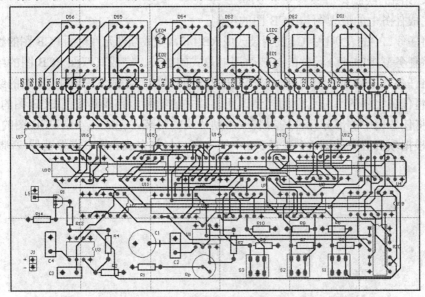

图 9-55 数字钟 4 层 PCB

图 9-56 数字钟 4 层 PCB 的 3D 效果图

练　　习

1. 完成任务二原理图的绘制，绘制其双面、单面 PCB 板各一块，要求布线前用 PCB 布线规则一次性设置好电路板的布线宽度最小为 10 mil、最大为 40 mil、首选为 30 mil，+5 V、GND 网络的布线宽度为 40 mil，其中单面板还要求铺铜(与 GND 网络相连)。

2. 完成任务三的 PCB 图的绘制。

3. 完成任务四的 PCB 图的绘制。

4. 完成任务五的 PCB 图的绘制。

5. 将任务六图 9-48(a)中 U1 的封装改为实测绘制的图 8-24 的 LM7805 封装，完成任务六的 PCB 图的绘制。

6. 完成任务七的原理图与 PCB 图的绘制。

7. 将任务二中的表 9-1 中 C1 的封装改成 RB.1/.2，完成插件元件单面 PCB 图的绘制。

8. 将任务三中的部分元件的封装改用贴片式的封装，完成其双面 PCB 图的绘制。

9. 将任务六中的部分元件的封装改用贴片式的封装，完成其单面 PCB 图的绘制。

10. 将任务七中的部分元件的封装改用贴片式的封装，完成其双面 PCB 图的绘制。

11. 将任务七中的部分元件的封装改用贴片式的封装，完成其 4 层 PCB 图的绘制。

12. 根据项目五中的图 5-1 和表 5-1 中的方案二封装完成 555 多谐振荡器(音频)的 PCB 设计。

项目十　PCB 抄板

学习目标:

(1) 掌握 PCB 抄板的基本方法。

(2) 根据实物 PCB 绘制其电路原理图。

(3) 绘制 PCB 图,并与原 PCB 板比较。

任务一　PCB 抄板的方法与技巧

1. PCB 抄板的方法与步骤

根据装配图或实物图测绘电路原理图时,要求做到准确无误,不多画、不漏画、不错画,把所有元器件的电流通路表示清楚。PCB 抄板的具体方法与步骤如下:

(1) 绘出或扫描产品元器件装配图(包括元件布局图、面板装配图、印制电路图),然后打印出来。

(2) 给所有元器件标出统一的序号,如 C1、C2、…、C10、R1、R2、…、R9 等,已有序号的按原序号标出,没有序号的需自己编上序号。

(3) 查出电源正、负端位置,凡与电源正端相连的元件焊点、印制板电路节点均用彩笔画成红色,凡与电源负端相连的节点画成绿色。

(4) 查清元器件间的相互连线及它们同印制板引出脚的连线,并画在装配图上。

(5) 绘出电路草画。为防止出现漏画、重画现象,每查一个焊点必须把与此点相连的所有元器件引线查完后再查下一个点。边查边画,同时用铅笔将装配图上已查过的点、元器件勾去。

(6) 复查。草图画完后,再将草图与装配图对照检查一遍,看有无错、漏之处。

(7) 将草图整理成标准的电路原理图。所谓标准的电路原理图应具备以下条件:

① 电路符号、元器件序号正确。

② 元器件供电通路清晰。

③ 元器件分布均匀、美观。

(8) 结合装配图或实物图,综合分析所测绘的电路原理图的工作原理,根据电路的信号流向调整所绘电路原理图中的元件位置,按电路原理图的绘制规范最终绘制出正确无误的电路原理图。

2. PCB 抄板的注意事项

在测绘电路图的过程中,要掌握一定的方法和技巧,以保证绘制出的图形正确无误。

(1) 认清单元电路功能。

(2) 认清 PCB 上集成电路芯片或元件的型号。

(3) 识别出集成电路芯片型号后，查阅相关资料，参考该芯片的典型应用电路，结合装配图或实物图进行分析，绘制出实际的电路图形。

(4) 以核心元件的供电和信号输入/输出作为识别的出发点。

(5) 抄板时可借助万用表测量线路的连接情况，以便准确地绘制出原理图。

(6) 认真检查绘制出的原理图，确认正确无误后，由其生成 PCB 并参考实物 PCB 的布局与布线设计 PCB 图，完成后与原实物 PCB 比较，看是否存在错误，发现问题需从原理图改起。所绘制的 PCB 的性能只能优于原实物 PCB。

任务二　PCB 抄板实例

1. 报警器 PCB 抄板

报警器的装配图和实物 PCB 如图 10-1 所示。

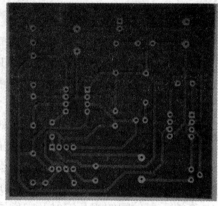

(a) 装配图　　　　　　　　　　　　　　　(b) 实物 PCB

图 10-1　报警器

(1) 报警器抄板原理图如图 10-2 所示。

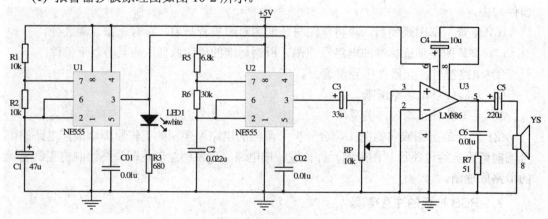

图 10-2　报警器抄板原理图

(2) 绘制的报警器 PCB 图如图 10-3 所示。

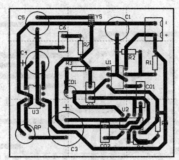

图 10-3　报警器 PCB 图

2. 步进电机驱动控制器的 PCB 抄板

步进电机驱动控制器的实物装配图和 PCB 图如图 10-4 所示。

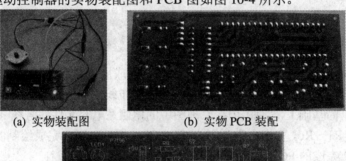

(a) 实物装配图　　　　　　(b) 实物 PCB 装配

(c) 实物 PCB 图

图 10-4　步进电机驱动控制器

(1) 步进电机驱动控制器抄板原理图如图 10-5 所示。

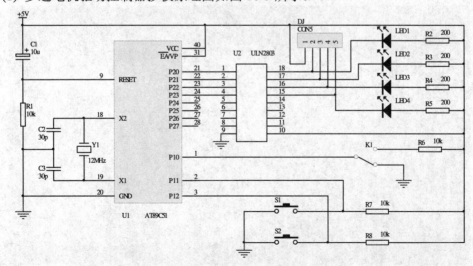

图 10-5　步进电机驱动控制器抄板原理图

(2) 绘制的步进电机驱动控制器 PCB 图如图 10-6 所示。

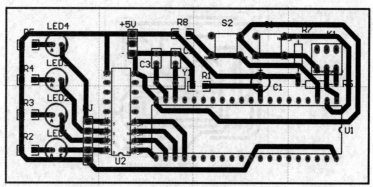

图 10-6　步进电机驱动控制器 PCB 图

练 习

1. 根据图 10-1 绘制报警器原理图和 PCB 图。完成原理图绘制后，与图 10-2 对照，正确无误后，生成 PCB，与图 10-3 对照，完成布局与布线。

2. 在练习 1 的基础上，将图 10-2 原理图中的电阻、电容元件序号统一全部重排一次，6 个电阻分别为 R1～R6，8 个电容分别为 C1～C8，然后更新已完成绘制的 PCB。

3. 在练习 2 完成的 PCB 基础上，进一步优化 PCB。

4. 如图 10-4(c)所示，电路板设了 1 个故障，请找出在哪里，应怎样改？为什么？

5. 根据图 10-4 绘制步进电机驱动控制器原理图和 PCB 图。完成原理图绘制后，与图 10-5 对照，正确无误后，生成 PCB，与图 10-6 对照，完成布局与布线。

项目十一　小型电子产品的原理图和 PCB 绘制

学习目标:

(1) 根据现有的电子产品的原理图图纸,绘制原理图元件。

(2) 根据现有的电子产品的原理图图纸绘制其原理图。

(3) 根据电子产品现有元件测量并绘制电子产品的 PCB 封装。

(4) 绘制电子产品的 PCB 图,并与所配 PCB 比较。

任务一　收音机原理图的绘制

购买一套 ZX2031 贴片式 FM 收音机装配套件,如图 11-1 所示。内有产品装配说明书,根据其原理图图纸绘制原理图元件,主要有贴片 IC 芯片 SC1088、带开关的电位器 RP,其他元件可根据自带原理图元件库中的元件修改而成。

(a) 套件

(b) 成品

图 11-1　ZX2031 贴片式 FM 收音机

完成原理图元件的绘制后,根据其原理图图纸绘制原理图,如图 11-2 所示。

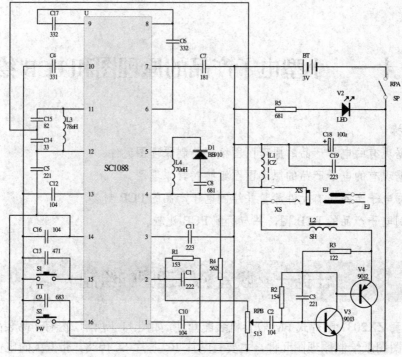

图 11-2   收音机原理图

任务二   收音机元件封装的绘制

测量贴片式 FM 收音机装配套件中的元件实物及实物 PCB，并参考其实物 PCB 上的元件封装图，绘制电子产品的 PCB 封装，如图 11-3 所示。

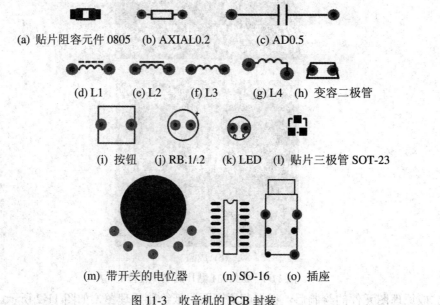

(a) 贴片阻容元件 0805　(b) AXIAL0.2　(c) AD0.5

(d) L1　(e) L2　(f) L3　(g) L4　(h) 变容二极管

(i) 按钮　(j) RB.1/.2　(k) LED　(l) 贴片三极管 SOT-23

(m) 带开关的电位器　(n) SO-16　(o) 插座

图 11-3   收音机的 PCB 封装

任务三　收音机 PCB 的绘制

　　测量贴片式 FM 收音机装配套件中的实物 PCB，绘制电气边框和 3 个定位孔(螺丝孔)。由绘制的原理图生成 PCB 图，并根据实物 PCB 的布局初步排列元件封装，有些元件需旋转一定的角度后放置，而 C17、C19 需拆散开再画。根据实物 PCB 手工绘制 PCB 图，如图 11-4 所示，有两根跳线 J1、J2。

　　完成 PCB 的绘制后与实物 PCB 比较。

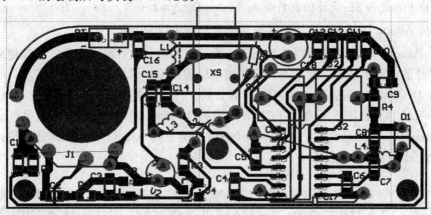

图 11-4　收音机 PCB 图

练　　习

　　1. 绘制图 11-2 的收音机原理图，将图中所有的阻容元件按常规标出其标称值，如电阻 R1 的标示为 153，其阻值为 15 kΩ，故在原理图中标出参数值 15 k；电容 C1 标示为 222，其容量值为 2200 pF，故在原理图中标出参数值 2200 p。

　　2. 绘制图 11-3 所示的全部元件封装。

　　3. 绘制图 11-4 的收音机 PCB 图。

项目十二　Altium Designer 与 Protel 99 SE 的转换

学习目标:

(1) 将 Protel 99 SE 设计的文件导入 Altium Designer 中。

(2) 将 Altium Designer 设计的文件转换为 Protel 99 SE 格式。

由于 Protel 99 SE 软件用得非常广泛，所以在其基础上有很多资源，比如建立的元器件库、设计的电路原理图、PCB 等，为了使用以前的工作成果，减少重复劳动，所以在使用 Altium Designer 时需要把 Protel 99 SE 设计的文件导入其中。

由于有的 PCB 制造厂家制造 PCB 时，用的是 Protel 99 SE 的软件，而用户设计 PCB 是用 Altium Designer 软件，为了生产，有时又需要把用 Altium Designer 软件设计的文件转换成 Protel 99 SE 的格式。

任务一　将 Protel 99 SE 设计的文件导入 Altium Designer 中

一、导入的方法

以项目七制作的+5 V 直流稳压电源为例,介绍将 Protel 99 SE 的 DDB 文件导入 Altium Designer 环境中的方法。

(1) 在 E:盘中新建一个文件夹，命名为"99SE 转 AD"，拷入 dy.ddb 文件(内含多个文件、文件夹等)。

(2) 通过开始菜单启动 Altium Designer Summer 09 软件，进入如图 12-1 所示的界面。

图 12-1　Altium Designer Summer 09 界面

单击图 12-1 主工具栏中的打开按钮，打开 E:\99SE 转 AD\dy.ddb 文件，进入如图 12-2 所示的 "Protel 99 SE DDB Import Wizard" 向导。

(3) 单击 Next 按钮，弹出如图 12-3 所示的选择导入文件或文件夹的对话框。

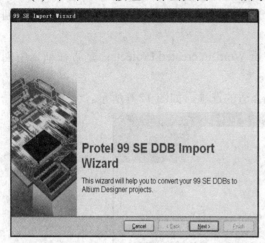

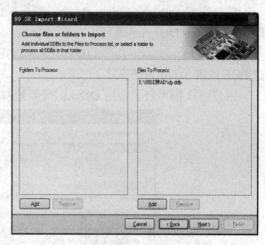

图 12-2　Protel 99 SE DDB Import Wizard 向导　　　图 12-3　选择导入文件或文件夹

(4) 单击 Next 按钮，系统弹出文件输出设置对话框，选择输出文件夹为 E:\99SE 转 AD，如图 12-4 所示。

(5) 单击 Next 按钮，系统弹出原理图转换设置对话框。在该设置对话框中可以将原理图文件转换成新的格式，选择 Convert Schematic documents to current file format(转换原理图文件至目前文件格式)选项的复选框，连接点导入方式有以下三种：Lock All Auto-Junctions(锁定所有自动连接点)；Lock X-Cross Junctions Only(锁定 X 方向的连接点)；Convert X-Cross Junctions(转换 X 方向的连接点)；选择 Lock All Auto-Junctions 单选按钮，如图 12-5 所示。

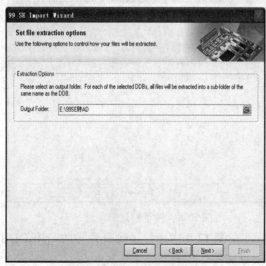

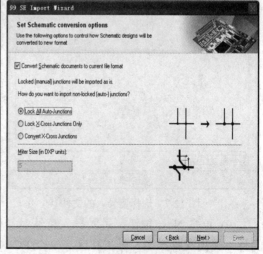

图 12-4　文件输出设置　　　　　　　　　图 12-5　原理图转换设置

(6) 单击 Next 按钮，系统弹出导入设置对话框，如图 12-6 所示。在该设置对话框中可以选择将 DDB 文件转换为 Altium Designer 项目的格式。具体说明如下：

单选项 Create one Altium Designer project for each DDB：为每个 DDB 文件创建一个 Altium Designer 项目；

单选项 Create one Altium Designer project for each DDB Folder：为每个 DDB 文件夹创建一个 Altium Designer 项目；

复选项 Include non-Protel file(such as PDF or Word)in created Projects：是否在项目中创建 PDF 或者 Word 说明文档。

用户可以根据自己使用 DDB 的需要选择合适的选项，如图 12-6 所示。

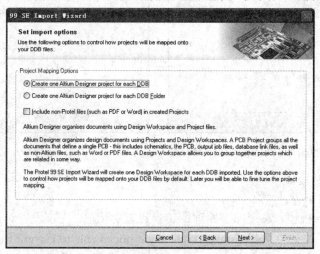

图 12-6　选择将 DDB 文件转换为 Altium Designer 项目的格式

（7）单击 Next 按钮，出现选择导入设计文件的对话框，如图 12-7 所示。

（8）单击 Next 按钮，弹出如图 12-8 所示的对话框，预览创建的项目。

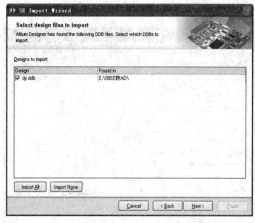
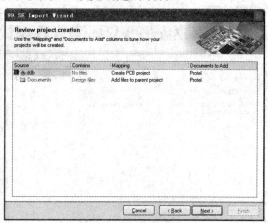

图 12-7　选择要导入的文件　　　　　　　图 12-8　预览创建的项目

（9）单击 Next 按钮，进入导入总结对话框，在图 12-9 中，显示源文件导入一个 DDB 文件，输出文件产生一个工作区、一个 PCB 项目文件。

单击 Next 按钮，系统进入导入过程，稍等片刻，导入完成后显示如图 12-10 所示的对话框，同时弹出如图 12-11 所示的信息列表，最后关闭该信息列表。

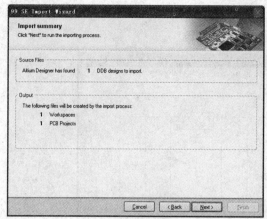

图 12-9　导入总结

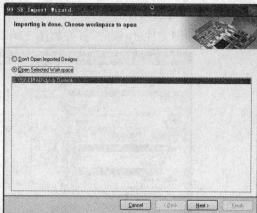

图 12-10　导入完成显示打开工作空间

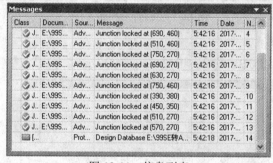

图 12-11　信息列表

(10) 单击 Next 按钮，出现如图 12-12 所示的"Protel 99 SE DDB Import Wizard is complete"向导，提示完成导入。

(11) 单击 Finish 按钮，完成导入过程，系统自动打开导入后的"dy.PrjPcb"，如图 12-13 所示。完成了 Protel 99 SE 到 Altium Designer Summer 09 的转换。

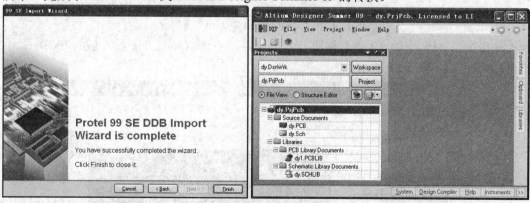

图 12-12　提示完成导入

图 12-13　Protel 99 SE 的 DDB 文件成功
导入 Altium Designer

二、打开导入的文件

在 Altium Designer Summer 09 编辑窗口内，可对导入的"dy.PrjPcb"的原理图文件、PCB 文件、库文件等进行编辑。

1. 打开原理图文件

双击原理图文件 dy.Sch，打开如图 12-14 所示的对话框。

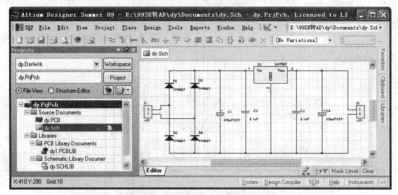

图 12-14　打开原理图文件

2. 打开 PCB 文件

双击 PCB 文件 dy1.PCB，进入"DXP Import Wizard"向导，如图 12-15 所示。

图 12-15　"DXP Import Wizard"向导

单击图 12-15 中的 Cancel 按钮，退出向导，系统自动打开了导入后的 PCB 文件"dy1.PCB"，如图 12-16 所示。

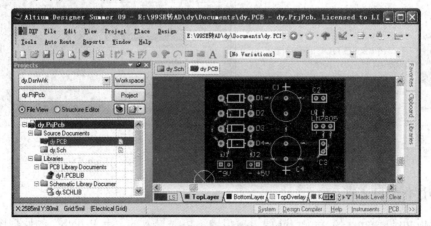

图 12-16　打开的 PCB 文件

3. 保存文件

对打开的 dy.PCB 文件进行编辑后，可直接保存(此时文件名仍为 dy.PCB)，也可执行菜单命令 File | Save As...在弹出的另存为对话框中，将文件名改为 dy.PcbDoc，在保存类型中选择"PCB Binary Files(*.PcbDoc)"，单击保存按钮即可。

同理对打开的 dy.Sch 文件编辑后可直接保存(此时文件名仍为 dy.Sch)，也可执行菜单命令 File | Save As...在弹出的另存为对话框中，将文件名改为 dy.SchDoc，在保存类型中选择"Advanced Schematic binary(*.SchDoc)"，单击保存按钮即可。

如图 12-17 所示。

图 12-17　文件改保存类型另存的结果

4. 退出系统后的再次进入

保存文件后全部退出 Altium Designer Summer 09，如图 12-18 所示。再次进入时，双击图 12-17 中间或右边的图标均可，打开如图 12-13 所示界面。

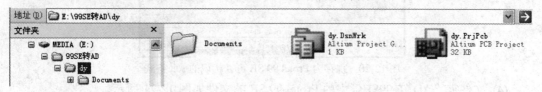

图 12-18　生成的 Altium Designer 文件

任务二　将 Altium Designer 设计的文件转换为 Protel 99 SE 格式

下面以任务一中完成编辑修改的 Altium Designer 设计文件"dy.PrjPcb"为例，介绍 Altium Designer 软件设计的文件转换成 Protel 99 SE 的格式文件的方法。

(1) 在 E:盘中新建一个文件夹，命名为"AD 转 99SE"，拷入 Altium Designer 设计的文件 dy 文件夹(内含多个文件、文件夹等)。

(2) 启动 Altium Designer 软件，打开"dy1.PcbDoc"文件，执行 File | Save As...命令，弹出保存文件对话框，选择将要存放 Protel 99 SE 格式的文件夹，在保存类型中选择"PCB 4.0 Binary File(*.pcb)"，这是 Protel 99 SE 可以导入的格式，如图 12-19 所示。单击保存按钮，即完成了 Altium Designer 环境下设计的 PCB 文件转换为 Protel 99 SE 格式。

图 12-19　保存为 Protel 99 SE 可以识别的 PCB 格式

(3) 打开"dy.SchDoc"文件，执行 File | Save As...命令，弹出保存文件对话框，选择将要存放 Protel 99 SE 格式的文件夹，在保存类型中选择"Schematic binary 4.0(*.sch)"，这是 Protel 99 SE 可以导入的格式，如图 12-20 所示。单击保存按钮，即将 Altium Designer 环境下设计的原理图文件转换为 Protel 99 SE 的格式。

图 12-20　保存为 Protel 99 SE 可以认识的 sch 格式

(4) 文件夹"AD 转 99SE"中的 Protel 99 SE 的文件如图 12-21 所示。

图 12-21　Protel 99 SE 的文件

(5) 启动 Protel 99 SE 软件，执行 File | Open...命令，弹出打开文件对话框，选择打开的文件，例如选 dy1.pcb，如图 12-22 所示，单击打开按钮，弹出新建 DDB 文件 dy1.DDB 的对话框，如图 12-23 所示，单击 OK 按钮。图 12-24 是打开的 Protel 99 SE 格式的 PCB 文件。

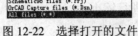
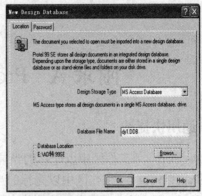

图 12-22　选择打开的文件　　　　　　　图 12-23　转化为 DDB 文件

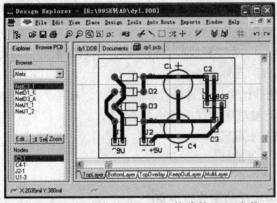

图 12-24　打开的 Protel 99 SE 格式的 PCB 文件

(6) 在 DDB 文件 dy1.DDB 的 Document 文件夹中，执行 File｜Import...命令，弹出打开文件对话框，选择打开其他文件，例如选 dy.sch，如图 12-25 所示，单击打开按钮即可打开的 Protel 99 SE 格式的原理图文件。

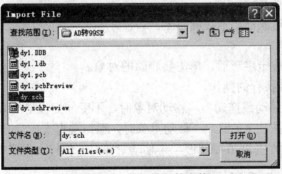

图 12-25　选择导入的文件

练　习

1. 将一个 Protel 99 SE 设计的文件导入 Altium Designer 中，打开并编辑后保存。

2. 将一个 Altium Designer 设计的文件转换为 Protel 99 SE 格式文件，并能打开、编辑及保存。

附录 A　Protel 99 SE 的快捷键

一、通用快捷键

PageUp——工作区中以光标的当前位置为中心进行放大。

PageDown——工作区中以光标的当前位置为中心进行缩小。

Home——以光标的当前位置为中心刷新视图。

End——刷新屏幕。

Tab——启动浮动图件的属性对话框。

Backspace(回格键)——放置导线或多边形时，删除最末一个顶点。

Delete——删除点取的元件(1 个)。

Ctrl + Delete——删除选中的元件(1 个或多个)。

X + A——取消所有被选中图件的选中状态。

X——将浮动图件左右翻转。

Y——将浮动图件上下翻转。

B——调用工具栏菜单命令。

Space(空格键)——将浮动图件旋转 90°。

　　　　——绘制导线、直线或总线时，改变走线方向或方式。

Alt + Backspace——恢复前一次的操作。

Ctrl + Backspace——取消前一次的操作。

V+D——显示整张图。

V+F——将所有对象都显示在屏幕上。

V+R——刷新屏幕。

E+D——光标变成十字形后，单击要删除的对象。

Esc——结束正在执行的操作。

按住 Ctrl 键同时移动或拖动——移动对象时，不受捕捉栅格的限制。

移动或拖动同时按住 Alt 键——移动对象时，保持垂直方向。

移动或拖动同时按住 Shift+Alt 键——移动对象时，保持水平方向。

二、PCB 和 PCBLIB 常用快捷键

L——打开 Document Options 对话框中的 Layers 选项卡。

Q——切换公制/英制尺寸单位。

G——捕捉栅格大小的选择。

+ 和 − (小键盘)——在所有电路板层之间切换。

Shift + Space——画线时，更换各种线的模式。

按住鼠标右键——光标变成手形，按住可移动屏幕。

附录 B 电子电路设计软件 Protel 99 SE 的常用元件

一、原理图元件

1. Miscellaneous Devices.ddb

Miscellaneous Devices.lib 常用元件见附表 1 。

附表 1 Miscellaneous Devices.lib 常用元件

元 件 名		图 形	元 件 名		图 形
RES	电阻		POT2	电位器	
CAP	电容		ELECTRO1	电解电容	
DIODE	二极管		ZENER1	稳压二极管	
LED	发光二极管		FUSE1	熔断器	
BATTERY	电池组		LAMP	灯	
INDUCTOR1	电感		INDUCTOR2	铁芯电感	
CAPVAR	可变电容		TRANS1	铁芯变压器	
VOLTREG	集成稳压器 7805～7824		BRIDGE1	整流桥	
BUZZER	蜂鸣器		SPEAKER	扬声器	
CRYSTAL	晶振		PHOTO	光敏二极管	
NPN	NPN 型 三极管		PNP	PNP 型 三极管	
NPN-PHOTO	NPN 型 光敏三极管		PNP-PHOTO	PNP 型 光敏三极管	
SCR	单向晶闸管		TRIAC	双向晶闸管	
SW-SPST	开关		SW-PB	按钮	
OPTOISO1	光耦		SW-SPDT	转换开关	

续表

元 件 名		图 形	元 件 名		图 形
RELAY-SPST	有 1 组常开触点的继电器		RELAY-SPDT	有 1 组转换触点的继电器	
JFET N		N 沟道结型场效应管	JFET P		P 沟道结型场效应管
MOSFET N		N 沟道绝缘栅场效应管	MOSFET P		P 沟道绝缘栅场效应管
SOURCE VOLTAGE	电压源		SOURCE CURRENT	电流源	

2. Protel DOS Schematic Libraries.ddb

Protel DOS Schematic Libraries.ddb 常用元件见附表 2。

附表 2　Protel DOS Schematic Libraries.ddb 常用元件

原理图元件库	常用元件
Protel DOS Schematic 4000 CMOS.lib	CMOS 4000 系列
Protel DOS Schematic Comparator.lib	LM311、LM339、LM393、TL331
Protel DOS Schematic Linear.lib	NE555
Protel DOS Schematic Operational Amplifiers.lib	LM324、LM358、OP-07、UA741
Protel DOS Schematic TTL.lib	TTL74、74ALS、74AS、74F、74HC、74LS、74S 系列
Protel DOS Schematic Voltage Regulators.lib	LM317H、LM337H、LM7805CT、LM7905CT

二、PCB 封装

1. Advpcb.ddb

PCB Footprints.lib 常用封装见附表 3。

附表 3　PCB Footprints.lib 常用封装

封装	图形	常用元件	引线间距	常用封装
AXIAL0.3～1.0		电阻	0.3～1.0 inch	AXIAL0.4
DIODE0.4、DIODE0.7		二极管	0.4 inch，0.7 inch	DIODE0.4
RAD0.1～0.4		无极性电容	0.1～0.4 inch	RAD0.1～0.2
RB.2/.4～RB.5/1.0		电解电容	0.2～0.5 inch	RB.2/.4
TO-92B		三极管	50 mil	
TO-126		集成稳压器	100 mil	
XTAL1		晶振	200 mil	

续表

封装	图形	常用元件	引线间距	常用封装
POWER4		4 针连接器	200 mil	
FLY4		4 针连接器	150 mil	
SIP2～9	SIP4	单列直插	100 mil	
DIP8～40	DIP8	双列直插	100 mil	
VR5		电位器		
0402、0603、0805、…、7243、7257		矩形贴片电阻、电容		0805、1206
SOT-23		贴片三极管		
MELF1、MELF2		MELF 圆柱形贴片电阻		
SO	SO-8	小外形封装集成电路翼形引脚	50 mil	
SOJ	SOJ-14	小外形封装集成电路 J 形引脚	50 mil	
PLCC	PLCC32	塑料片式载体集成电路 J 形引脚	50 mil	
QFP	QFP44	四边引线扁平封装翼形引脚		

2. 其他常用封装

其他常用封装见附表 4。

附表 4 其他常用封装

PCB 封装库	封装	图形	引线间距	常用元件
Transistors.ddb \ Transistors.lib	TO92C		100 mil	三极管
International Rectifiers.ddb \ International Rectifiers.lib	TO-220		100 mil	集成稳压器
	D-38			整流桥
	SMB/P4.5			贴片二极管

附录 C　电子版实验实训报告模板

× × × × 职业技术学院

Protel 99 SE 电路原理图及 PCB 设计
实　验　报　告

学　　号＿＿＿＿＿＿＿＿＿＿

姓　　名＿＿＿＿＿＿＿＿＿＿

专业班级＿＿＿＿＿＿＿＿＿

指导教师＿＿＿＿＿＿＿＿＿

× × × × 职业技术学院

年　　月

一、实验目的

(1) 掌握 Protel 99 SE 文件的基本操作方法和管理方法。

(2) 掌握原理图编辑器的使用。

(3) 掌握原理图元件库编辑器的使用。

(4) 掌握 PCB 编辑器的使用。

(5) 掌握 PCB 封装库编辑器的使用。

(6) 掌握原理图及 PCB 布局和布线的思路与方法。

(7) 掌握各类编辑器的综合运用。

(8) 掌握各类报表文件的产生和原理图、PCB 文件的输出。

二、实验报告提交要求

(1) 编写 Word 文档实验报告，粘贴包含必做实验内容的全部图形并编写文字说明，还可扩展自己所做课题的内容。

(2) 所有 Protel 99 SE 绘制的图形全部做在一个 *.ddb 文件中，制作一压缩文件，并用中文姓名命名，内含一个 *.ddb 文件、一个 Proteus 文件(仿真成功)和一个 Word 文档实验报告，压缩文件发至教师邮箱，打印 Word 文档实验报告上交。

三、实验设备及器材

计算机、Protel 99 SE 软件、Word 软件、Proteus 软件。

四、实验内容

(1) 自制个性化的原理图元件库，拷贝常用元件，绘制七段数码管、AT89C52 等元件的原理图元件，修改 555 定时器、扬声器、4511、4518 等元件的原理图元件。

(2) 自制个性化的 PCB 封装库，拷贝常用元件封装，绘制电容、七段数码管、发光二极管等元件的 PCB 封装。

(3) 绘制一个+5 V 的直流稳压电源(通孔插装元器件)的原理图及单面 PCB 图，在 PCB 图顶层丝印层放置学号，要求铜膜线宽为 1.5～2.5 mm，焊盘直径为 2～3 mm，所画 PCB 图要求能制成实际的单面板，同时要求生成网络表、材料表。

(4) 绘制一个 555 多谐振荡器(贴片元器件)的原理图及单面 PCB 图，同时要求生成网络表、材料表。

(5) 绘制一套层次原理图，掌握层次原理图的绘制方法，并完成其 PCB 的绘制。

(6) 绘制各种波形图、图案及粘贴图片等。

(7) 绘制一个较复杂电路的原理图及 PCB 图，其中 PCB 图要求有双面板、单面板各一个，同时要求生成网络表、材料表(绘制 Proteus 原理图并仿真成功)。

五、实验总结

对实验进行总结。

参 考 文 献

[1] 叶建波. Protel 99 SE 电路设计与制版技术[M]. 北京：清华大学出版社，北京交通大学出版社，2011.

[2] 李晓虹. 现代电子工艺[M]. 西安：西安电子科技大学出版社，2015.

[3] 李晓虹. 电子电路设计实例教程[M]. 北京：中国铁道出版社，2014.

[4] 陈学平. Altium Designer Summer 09 电路设计与制作[M]. 北京：电子工业出版社，2012.